合肥植物园观鸟手册

吴翠珍　周耘峰　詹双侯　吉　浩　孟继光　著

中国林业出版社

图书在版编目（CIP）数据

合肥植物园观鸟手册/吴翠珍等著.—北京：中国林业出版社，2019.9
ISBN 978-7-5219-0259-4

Ⅰ.①合… Ⅱ.①吴… Ⅲ.①鸟类－合肥－手册 Ⅳ.①Q959.708-62

中国版本图书馆CIP数据核字（2019）第199056号

责任编辑：	贾麦娥　王　全
电　　话：	010-83143562　　传　　真：010-83143517
出版发行	中国林业出版社 (100009 北京市西城区德内大街刘海胡同7号) http://www.forestry.gov.cn/lycb.html
经　　销	新华书店
印　　刷	固安县京平诚乾印刷有限公司
版　　次	2019年9月第1版
印　　次	2019年9月第1次印刷
开　　本	112mm × 150mm
印　　张	7.75
字　　数	150千字
定　　价	46.00元

未经许可，不得以任何方式复制或抄袭本书之部分或全部内容。

版权所有　侵权必究

序 言
PREFACE

鸟是自然界里的重要生态因子，也是自然剧场中擅长表演的美丽精灵。鸟儿以美妙的歌喉、五彩的霓裳、独特的生物学行为时时刻刻打动着我们的心灵。每当漫步园中，我们的眼睛很快就会被这些精灵所吸引，因此植物园观鸟是颇受人们喜爱的自然活动之一。

合肥植物园位于合肥董铺水库东南岸，园区三面环水，园内自然生境良好，生物多样性丰富，是许多鸟类理想的栖息地。植物园自建园伊始就注意自然生态维护、低程度建设开发，保持水岸原始生境面貌。同时，园内2000多种（含品种）植物为鸟儿们准备了丰富的食物资源，深浅不一、星罗棋布的水系为鸟儿们提供了驻足、洗浴、捕食、嬉戏的生活场所。园内独特的丘陵地貌吸引的是众多的林鸟、涉禽，而周边的董铺水库湿地则吸引的更多的是旅鸟、游禽，两者相得益彰，又相辅相成。根据多年来的观察记录，在合肥植物园区域共记录鸟类169种（中国观鸟记录中心在这一区域仅记录鸟种48种），占合肥记录鸟种的60%以上,更在合肥地区首次拍摄记录到小太平鸟和戴菊等。本册选取了其中的100种鸟类加以介绍,既有其貌不扬、鸣啭悠扬的乌鸫,也有艳压群芳、不离不弃的寿带。尤其是那些留鸟,它们把家安在植物园,与植物园的草木虫鱼和谐共生,让植物园更显鲜活灵动。它们既是植物的守护者,也是植物种子的传播者。新时代的植物园是人与自然和谐共生的植物园,游客徜徉其中,既有花香四溢,还有鸟语虫鸣,一个健康的生态系统得以展现在我们眼前。

需要说明的是,本书的鸟类的中文名和分类系统是以《中国观鸟年报——中国鸟类名录6.0(2018)》为依据的。鸟类的拉丁名以世界鸟类数据库(https://avibase.bsc-eoc.org/avibase.jsp?lang=EN)实时更新的数据为准(截至2019年7月25日)。《中国观鸟年报——中国鸟类名录6.0(2018)》是由国内青年鸟类学者、资深观鸟爱好者根据鸟类最新研究成果制定的,与普遍使用的《中国鸟类野外手册》分类系统有所不同。

我们希望通过这本书,让您到植物园来不只能欣赏到树与花,还可以听懂百鸟争鸣,观察到不同生境中的鸟类,叫出它们的名字,邂逅您的喜爱鸟种。

目 录
CONTENTS

序言

鸟国拾趣

1. 什么是鸟？ 1
2. 鸟窝是小鸟晚上睡觉的地方吗？ 1
3. 为什么一般都是雄鸟比雌鸟好看？有反过来的类型吗？ 2
4. 鸟类的寿命有多长？是一夫一妻制吗？ 3
5. 留鸟、旅鸟、候鸟咋区别？ 3
6. 爸爸妈妈谁照顾宝宝更多？ 4
7. 鸟有方言吗？ 4
8. 植物园的鸟儿最爱吃什么？ 5
9. 小鸟连路都不会走，排便咋办？ 6
10. 鸟儿会打架吗？有没有关系比较好的邻居？ 7
11. 唾余是什么？ 8

植物园常见鸟类

鸿　雁 11

2	豆　雁	13
3	小天鹅	14
4	赤麻鸭	17
5	绿头鸭	18
6	红头潜鸭	21
7	雉　鸡	22
8	小䴙䴘	24
9	凤头䴙䴘	27
10	东方白鹳	28
11	白琵鹭	31
12	大麻鳽	33
13	黄苇鳽	34
14	黑鳽	37
15	夜　鹭	39
16	绿　鹭	40
17	池　鹭	43
18	牛背鹭	45
19	白　鹭	46
20	普通鸬鹚	53
21	凤头鹰	55
22	松雀鹰	56
23	普通鵟	59
24	白胸苦恶鸟	61
25	黑水鸡	62
26	黑翅长脚鹬	65

27	反嘴鹬	67
28	凤头麦鸡	68
29	长嘴剑鸻	71
30	扇尾沙锥	73
31	白腰草鹬	74
32	红嘴鸥	77
33	须浮鸥	79
34	珠颈斑鸠	80
35	小鸦鹃	83
36	噪鹃	85
37	四声杜鹃	86
38	红角鸮	89
39	领鸺鹠	91
40	三宝鸟	92
41	普通翠鸟	94
42	冠鱼狗	97
43	斑鱼狗	99
44	戴胜	100
45	大斑啄木鸟	103
46	红隼	104
47	游隼	107
48	小灰山椒鸟	109
49	暗灰鹃䳍	110
50	虎纹伯劳	113
51	黑枕黄鹂	116

52	黑卷尾	119
53	寿带	122
54	松鸦	125
55	灰喜鹊	126
56	红嘴蓝鹊	128
57	灰树鹊	131
58	喜鹊	133
59	小嘴乌鸦	134
60	小太平鸟	137
61	远东山雀	139
62	领雀嘴鹎	140
63	白头鹎	143
64	栗背短脚鹎	145
65	黑短脚鹎	146
66	家燕	149
67	金腰燕	151
68	银喉长尾山雀	152
69	红头长尾山雀	155
70	黄眉柳莺	157
71	东方大苇莺	158
72	红头穗鹛	161
73	画眉	163
74	黑脸噪鹛	164
75	红嘴相思鸟	167
76	棕头鸦雀	169
77	暗绿绣眼鸟	170

78	戴菊	173
79	八哥	175
80	黑领椋鸟	176
81	虎斑地鸫	180
82	乌灰鸫	182
83	乌鸫	185
84	宝兴歌鸫	187
85	鹊鸲	188
86	红胁蓝尾鸲	191
87	白眉姬鹟	193
88	北红尾鸲	194
89	红尾水鸲	197
90	麻雀	198
91	白腰文鸟	200
92	灰鹡鸰	203
93	白鹡鸰	204
94	水鹨	206
95	燕雀	209
96	锡嘴雀	211
97	黑尾蜡嘴雀	212
98	金翅雀	215
99	黄雀	217
100	黄喉鹀	218

合肥植物园鸟类名录 ... 220
中文名索引 ... 234
拉丁名索引 ... 236

鸟国拾趣

1. 什么是鸟？

鸟在人类的生活中很常见，是两足、恒温且卵生的脊椎动物，身披羽毛，前肢演化成翼，有喙无齿。身体呈流线型（纺锤型），大多数飞翔生活。

2. 鸟窝是小鸟晚上睡觉的地方吗？

不是，鸟类有巢穴，但那只是鸟宝宝们的家，主要是鸟父母用来孵化、喂养鸟宝宝的地方（当然也有特例，具体是哪种鸟在窝里睡觉，你看完全书就能找到了）。当鸟宝宝们逐渐长大，在父母的训练、带领下学会独立飞行、觅食时，它们就会离开巢穴，鸟窝则会被弃用。有的鸟来年还会修缮自己的旧巢，如喜鹊，这样它的巢看起来就会越来越大。有的鸟如大斑啄木鸟，却会重新挖一个新巢来孕育宝宝，它们的旧巢往往会成为次级洞巢鸟（如远东山雀、䴓类、椋鸟类）的新家。

那么鸟类是怎么睡觉的呢？不知道你有没有看过鸡睡觉，鸡喜欢把头埋在蓬松的羽毛中睡觉。大多数鸟类也类似，一般是站立或俯卧在树的枝干上，将头埋入羽毛中睡觉，此种睡姿不仅可以保暖，还可避免蚊虫叮咬。鸟类一般会在固定的地方休息,它们白天活动觅食,晚上再回到树上休息。但像鹰类、鸮类的猛禽(俗称猫头鹰)则相反,晚上活动,白天休息。按说对于猛禽,一般的小鸟是避而远之的,生怕一个不留神被生吞了。但是对于领地意识强的喜鹊、卷尾之类的鸦科强盗鸟来说,它们根本不怕误入领地的猫头鹰,尤其是白天睡觉时正在养精蓄锐的猫头鹰。它们往往群起对其吵嚷一番,甚至轮番去啄猫头鹰。猫头鹰们被吵(啄)得受不了,只好逃走了。

3. 为什么一般都是雄鸟比雌鸟好看?有反过来的类型吗?

鸟类多姿多彩的羽毛不仅代表着健康,还能让鸟类更加鲜艳,易于被异性发现。研究表明,总体上雄鸟比雌鸟羽色更艳丽,个头大的鸟比个头小的艳丽,热带鸟比温带鸟更艳丽。想想那些开屏的雄孔雀就能略知一二了。有些鸟类在繁殖季节会长出漂亮的繁殖羽,如白鹭会长出长垂的"发辫儿",一旦等它们配对繁殖成功,小辫儿则会脱落,恢复真身。这种策略往往是为了保护自己,因为太过招摇的羽毛除了吸引异性,也更容易招来天敌。为避免杀身之祸,还是低调点好,毕竟,安全地活着才是王道。

鸟类世界里,一般是雄性凭借漂亮的羽色主动追求异性。但也有特例，比如鹬类，它们一般是雌性主动追求雄性，雌性一妻多夫（水雉也是），求偶后产卵给雄性，自己寻欢去了，留下雄性负责孵卵和照顾后代。

4. 鸟类的寿命有多长？是一夫一妻制吗？

应该说在每年的整个繁殖季节，鸟类基本上是保持一夫一妻制的。待小鸟们长大出窝后，鸟父母可能还会产第2窝、第3窝卵，但可能在产第1窝卵后，鸟儿们就会重新配对，不再是严格的一夫一妻制。其实这也好理解，在平均寿命只有2~3年的野生鸟类生命史中，能安全活到性成熟的繁衍季已属不易，它们的第一要务是繁衍下一代，因而对于伴侣的选择没有那么挑剔。但是，对一些寿命较长的鸟类来说，如鹰类、鸥类，能活到20~30岁，甚至更高，一般来说，伴侣会保持终身制，不会更换，除非有一方遭遇不测死亡。

5. 留鸟、旅鸟、候鸟咋区别？

终年生活在一个地区，不随季节迁徙的鸟统称留鸟。但如果迁徙中途经某地区，而又不在该地区繁殖或越冬，就该地区而言，这些鸟种即为旅鸟。很多鸟类具有沿纬度季节性迁移的特性,夏天的时候这些鸟在纬度较高的温带地区繁殖,冬天的时候则在纬度较低的热带地区过冬,这些随着季节变化而南北迁移的鸟类称之为候鸟。

6. 爸爸妈妈谁照顾宝宝更多?

1948 年,遗传学家贝茨提出因雌性的卵子比雄性的精子投入更多,所以雌性比雄性更愿意照顾后代。一项对 18 种鸟类的研究发现,父母照顾后代的行为与鸟群中的雌雄比例相关,种群特征也影响了父母双方抚养后代的行为。雌性过于稀缺,雄性过多,造成爹爹养儿的繁殖模式。

7. 鸟有方言吗?

观察表明,鸟类是有"方言"的,尤其对于那些留鸟来说,可能同一个地区的鸟类,隔了几个山头,说的话便不同(其实是指发出的鸟鸣声不同),就跟人类生活地区不同,方言天差地别一样。曾经有人把一个山头的鸟声录下来,到了另一个山头再放出来,居然不会引起同种鸟的共鸣(引起本地鸟儿的和声或是驱逐声),这也从一个方面证明了鸟类是有"方言"的。

8. 植物园的鸟儿最爱吃什么?

要问植物园的鸟儿最爱吃什么植物类食物，那一定非构树（俗称皮树）的果实莫属了。事实上，如果植物园没人管理，那它一定是构树的天堂，因为它的果实酸酸甜甜，鸟儿们最爱吃，吃完了之后随地拉便便，便便中难以消化的种子就被播撒开来。加之构树萌发生长能力强，很快能形成侵占之势。要命的是，它不仅长得快，还长得高，对其它的树种形成覆压之势，挤占别人的生活空间。如果问植物园除杂草杂树的工人，最难除的树是什么，他会回答你是皮树。因为除了地上部分，它们的根横走，一旦扎下根，便很难清除。当然这一切都归功于种子的智慧，鸟类不过是被它们利用罢了。

冬天里，虫子大多冬眠了，植物园树上残留的果实成了鸟儿们喜爱的食物。按喜好级别，火棘果实是最爱，各种鸟儿都抢着吃；其次是石楠的果子。芦苇、女贞、冬青、乌桕、侧柏、棕榈的果实也能解解馋。万一大雪封冻，不得已时还有南天竹的果实来果腹。因为南天竹是小檗科的，种子有小毒，要不是饿得受不了，鸟儿们也不会去以身试毒的。

9.小鸟连路都不会走,排便咋办?

除了早成性的鸟类,如雉鸡,出生就会行走,跟着父母觅食,大部分的鸟类属晚成性,从出生到独立行走觅食还需要一段时间。这段时间都是要靠父母喂食的,小鸟并不出窝,那么它们怎么排便?是站在窝内对外排吗?说出来你可能不信,其实,是被鸟父母吃掉了。鸟父母在捕到虫子喂完小鸟后,小鸟会自觉地将身体转过来,屁股朝外,鸟父母会迅速叼走刚刚排出还未掉落的便便吃掉。此举不仅可保持巢内卫生,还可以给鸟父母补充能量(因为小鸟的消化系统属直肠系统,从进食到排出最长不过十来分钟,很多营养都没被消化,吃的多,拉的也多)。最重要的是可以避免因为鸟便便的气味引起天敌(如蛇类、捕食鸟类)的攻击。

当然,不是所有的鸟类都这么爱卫生,也有特例,比如戴胜,它们的父母就任由小鸟在窝里拉便便,甚至还会将体内一种腺体分泌巨臭的黏液抹在小鸟身上,誓将"变臭"进行到底,使天敌难以忍受这样的臭味而免于攻击它。这也是它们得名"臭姑姑"的原因之一。只是初识戴胜,你肯定想不到它们还有如此的御敌高招。

10. 鸟儿会打架吗？有没有关系比较好的邻居？

不同的鸟类生活习性不同，有些领地意识较强的鸟，如灰卷尾、发冠卷尾、斑鸫、黑脸噪鹛等，喜欢集群打群架，除了内部争斗外，对不慎落入它们领地的其它鸟儿，通常也会群起而攻之，痛扁一顿，让你记住"此地不可侵犯"。有时对误入它们领地的人（一般在它们的巢穴附近活动，惊扰了它们）也发动攻击，攻击方式之一就是在你的头顶上大行不雅之事——拉便便，大声叫嚷警告，甚至会俯冲攻击路过的小孩，把他们吓哭。

当然，也有一些鸟类比较和善，不爱攻击其它鸟，甚至还与它们结成好邻居、好伙伴。比如，在植物园里的留鸟中，远东山雀、红头长尾山雀、黄腹山雀等，它们喜欢结成一个大的混合群体，由远东山雀打头（带头大哥），黄腹山雀其次，银喉山雀、红头长尾山雀紧跟其后，甚至连斑姬啄木鸟和白头鹎类也加入其中，形成一个快乐的大家族，相互警卫保护，友好共处。

在植物园，每天都可能上演不同的鸟类争斗，不嫌事大的灰喜鹊，最爱凑热闹、看别人打架，偶尔还会充当和平警察，保护弱小。

11. 唾余是什么？

唾余，是指鸟类在进食后，把不能消化的东西在消化道里积存成小团，然后吐出的丸状物。食团中常有动物的骨骼、皮毛、爪等，通常要有个积蓄的过程，几天才吐出一个。动物学家可以通过唾余中残存的遗骸，来研究动物的食谱。

植物园常见鸟类

鸿 雁
Anser cygnoides

1 鸿　　雁（冬候鸟，稀有种）

Anser cygnoides　雁形目鸭科

　　大型游禽，鸿雁雌雄相似。但雌鸟体型略小，两翅较短，嘴基疣状突亦不明显。成鸟从额基、头顶到后颈正中央暗棕褐色，额基与嘴之间有一条棕白色细纹，将嘴和额截然分开。喙为黑色，腿粉红色，臀部近白色，飞羽黑色。

　　据《史记》记载，汉武帝时，使臣苏武被匈奴拘留，并押在北海苦寒地带多年。后来，汉朝派使者要求匈奴释放苏武，匈奴单于谎称苏武已死。这时有人暗地告诉汉使事情的真相，并给他出主意让他对匈奴人说：汉皇在上林苑射下一只大雁，这只雁足上系着苏武的帛书，证明他确实未死，只是受困。这样，匈奴单于再也无法谎称苏武已死，只得把他放回汉朝。从此，"鸿雁传书"的故事便流传成为千古佳话。而鸿雁，也就成了信差的美称。

　　鸿雁是中国鹅的祖先。主要以各种草本植物的叶、芽为食，也吃少量甲壳和软体类动物等动物性食物，特别是在繁殖季节。迁徙时常成百上千只排成"一"字形，或"人"字形队伍，并伴随着洪亮的叫声。

豆 雁

Anser fabalis

2 豆 雁（旅鸟，稀有种）
Anser fabalis 雁形目鸭科

  豆雁是大型雁类，体长 66~89 厘米，体重约 3 千克，大小与家鹅相似。常见的家鹅是白色的，而豆雁上体灰褐色或棕褐色，下体污白色。嘴黑褐色，临近嘴尖有一圈橘黄色次端条带，像是嘴上被捆了圈黄胶带。脚为橘黄色，颈色暗。

  善游泳，飞行能力强。迁徙时，成大群。与鸿雁类似，豆雁也主食植物，以湖泊周边的植物作补给，主要吃苔藓、地衣、植物嫩芽、嫩叶，也吃植物果实与种子和少量动物性食物。作为旅鸟，我们仅在水库周边见过它们短暂停歇补给。

3 小天鹅（冬候鸟，稀有种）

Cygnus columbianus 雁形目鸭科

小天鹅是国家二级重点保护野生动物，体型大，体长120~150厘米，雌鸟略小。它与大天鹅在体形上非常相似，同样是长长的脖颈、纯白的羽毛、黑色的脚和蹼，身体也只是稍小一些，颈部和嘴比大天鹅略短，但很难分辨。它们主要是靠嘴部黄色覆盖区域的大小来区分，小天鹅嘴基的黄色仅限于嘴基两侧，而大天鹅则要延伸到鼻孔以下。不过，大天鹅迁徙的时候不经过咱们合肥，所以你见到的天上飞的"白色大鹅"就是小天鹅无疑了。

每年11月初，小天鹅会如期而至，但仅停留半天到一天时间。近年，据观察记录，经过植物园水库区域的小天鹅数量呈逐年增加的趋势，2015年60只，2016年80只，2017年记录有120只左右。这也说明咱们的自然环境变得越来越好，吸引了更多的鸟儿来此驻足补给。

小天鹅

Cygnus columbianus

赤麻鸭
Tadorna ferruginea

4 赤麻鸭（冬候鸟，常见种）

Tadorna ferruginea　雁形目鸭科

赤麻鸭算是最常见、最好认的鸭子了，特征明显，通体栗红色，头顶黄白色，远远地看见它们浑身红棕色的外衣，一下就能分辨出来了，因为基本没有其它的鸭子与它相似。雄鸟夏季有狭窄的黑色领圈，嘴和腿黑色。

虽然常见，赤麻鸭也是安徽省二级保护动物。它们主要以水生植物的叶、芽、种子等为食，也吃昆虫、甲壳动物、软体动物、虾、水蛭、蚯蚓、小蛙和小鱼等动物性食物。觅食多在黄昏和清晨，有时白天也觅食，特别是秋冬季节，常见几只至20多只的小群在河流两岸耕地上觅食散落的谷粒，也在水边浅水处和水面觅食。植物园每年都能观测到固定的种群在水库内活动，虽然它们停留时间不长，仅3~5天而已。

5 绿头鸭（冬候鸟，常见种）

Anas platyrhynchos　雁形目鸭科

绿头鸭是安徽省二级保护动物。繁殖期的绿头鸭雄鸟不会被错认：头部墨绿色有金属光泽，因而得名，这也是这个种最显著的识别特征。颈部有一道白环隔开头部的绿色和胸前的紫棕色。喙亮黄色。尾上覆羽还有个"卷"，是特化的羽毛上翘的视觉效果，也是这个种的特色。非繁殖期间，雄鸟的羽毛会变成与雌鸟相似的麻灰色，尾巴上的上卷毛也不见了。但其嘴巴颜色不变，还是黄色，不似雌鸟的橘黄略带黑色。

鸭科的鸟还有一个典型种间辨识特征的结构——翼镜，

是由次级飞羽和翼上大覆羽形成的具有特定颜色的区域，每一种鸭子的翼镜颜色组成都不一样，在飞行时很显眼。雌雄鸟都有，而且翼镜的颜色、图案是一样的，所以用翼镜来辅助辨识种类是很靠谱的，尤其是在长相相似的各种雌鸭混群期间。绿头鸭雏鸟早成性，一出生就有绒毛，眼睛睁开就可以跟随亲鸟下水游弋觅食。

绿头鸭

Anas platyrhynchos

红头潜鸭

Aythya ferina

6 红头潜鸭（冬候鸟，稀有种）

Aythya ferina 雁形目鸭科

听它的名字就能猜出大致特点了。没错，雄鸭头顶呈红褐色就是它们的典型特征了，胸部和肩部黑色，其它部分大都为淡棕色，翼镜大部呈白色。至于雌鸟的样子，麻灰一团，不飞起展示它的翼镜时还真不好认，但是通过观察它身边的男伴基本就能判断一二了。虽然鸭子种类很多，偶尔也混群，但总体还是一对儿一对儿的居多。尤其是繁殖期，雄鸭还是很贴心地"守护"在雌鸭身边，生怕一不小心被"别人"抢走了。

常成群活动，特别是迁徙季节和冬季常集成大群。白天多在开阔的水面活动和游泳，或一动不动地漂浮于水面上睡觉，有时也成群在岸边休息。性胆怯而机警，善于潜水，常通过潜水取食或逃离敌人，危急时也能从水面直接起飞。飞行迅速，但在地上行走较困难。

7 雉 鸡（留鸟，常见种）

Phasianus colchicus 鸡形目雉科

这不就是野鸡嘛，对了，就是它！它是植物园少有的不用望远镜就能看清楚的"大鸟"了。不甚怕人，看见人后，如果感觉你没有表现出试图接近威胁它（20米开外）的意图，它仍能自顾自悠闲地溜达觅食。只是当你靠它太近时，它才会大步流星地快速跑开。平时隐匿于水库边的杂灌丛，喜好到视野开阔的草地觅食。

杂食性，吃植物果实、种子、茎叶，也吃昆虫。与家鸡一样，雏鸟早成性，出生后，羽毛干透就会行走。

雉 鸡

Phasianus colchicus

小䴙䴘（留鸟，优势种）

Tachybaptus ruficollis 　䴙䴘目䴙䴘科

小䴙䴘个头不大，23~29厘米，身体圆胖，双足短小，在岸上走路时踉踉跄跄。"䴙䴘"一词在古文中形容走路不稳的样子，故得此名。俗名水葫芦则是因为它体型短圆，在水上浮沉宛如葫芦而得名。

它的巢很特别，不在固定地点，而是随波逐流，漂荡在水上。巢建好后，产4~5枚卵，由两只亲鸟轮流孵化。经过20多天的孵化，幼鸟便出壳了。幼鸟属于早成鸟，刚出壳就可以跃入水中跟在爸爸妈妈的后面游弋了。有趣的是，小䴙䴘的亲鸟有时会把孵化不久的雏鸟背在背上活动，很是温馨。

小䴙䴘通常白天活动觅食，擅长潜水捕食。植物园的大小水塘都能找到它们，尤喜有睡莲叶子或荷叶遮蔽的水域。一进植物园东大门，说不定就能邂逅它们。它们喜欢在荷塘内上下翻滚觅食，一转眼，就扎进水底不见了，留下绵软的波纹荡漾。过了一会，不远处的荷叶下，忽然冒出它们鬼魅般的身形。有时浮上来喙上就衔着食物，吃掉了再继续潜水。除了捕食外,如果有人或者猛禽接近它,它也会迅速潜水躲开。虽说人离它近了,它会躲开,但如果你只是在岸边观察它的话,它时常还会游过来靠近一些看看你,然后再游开,因此也叫它"好奇的小䴙䴘"。

小䴙䴘
Tachybaptus ruficollis

凤头䴙䴘

Podiceps cristatus

9 凤头䴙䴘（留鸟，常见种）

Podiceps cristatus 䴙䴘目䴙䴘科

凤头䴙䴘全长约56厘米，"凤头"的名称是源自它头顶上的一簇蓬松的褐色羽冠，该羽冠常年都有，并不只在繁殖季才出现。在其求偶斗艳期间，连同脖颈处的棕黑"围脖"，配合其歌舞节奏蓬松、收拢，甚是有趣。颈修长，下体近乎白色而具光泽，上体灰褐色。冬季颈上饰羽消失。

不同于小䴙䴘爱在小面积水域活动，凤头䴙䴘更偏爱大面积宽阔的深水域。董铺水库是它们最爱的活动场所，沿水库岸边走一圈，一准能找到它们。受惊时从不飞离水面，而是潜入水中。通常营浮巢于水面，浮巢能随水位上涨而漂起，但不会往巢里渗水，还可以因为湿草发酵而产生热量，有助于鸟蛋的孵化。

10 东方白鹳（旅鸟，稀有种）

Ciconia boyciana　鹳形目鹳科

　　东方白鹳属于大型涉禽，国家一级重点保护野生动物，体态优美。长而粗壮的嘴十分坚硬，呈黑色，仅基部缀有淡紫色或深红色。嘴的基部较厚，往尖端逐渐变细，并且略微向上翘。眼睛周围、眼线和喉部的裸露皮肤都是朱红色。羽毛主要为纯白色。东方白鹳的越冬地主要集中在长江中下游的湿地湖泊，在合肥主要是过境鸟。

　　性机警而胆怯，常常避开人。觅食时常成对或成小群漫步在水边、草地或沼泽地上，步履轻盈矫健，边走边啄食。休息时常单腿或双腿站立于水边沙滩上或草地上，颈部缩成"S"形。有时也喜欢在栖息地的上空飞翔盘旋。

　　东方白鹳不是每年都能观测到，只是在前几年，我们在水库上方看见它们短暂停留觅食。

东方白鹳

Ciconia boyciana

白琵鹭

Platalea leucorodia

11 白琵鹭（旅鸟，稀有种）

Platalea leucorodia　鹳形目鹮科

白琵鹭是国家二级保护动物，它的嘴十分有趣，明明可以全黑，却偏偏在前端留有一抹亮黄。这还不算，它那长直的扁宽大嘴上还有明显的横纹，像极了一把琵琶，因此又名"琵琶鹭"。

通常成小群，偶尔也见单独觅食的。不似苍鹭和白鹭那样，通过视觉直接捕食水中可见的食物，白琵鹭多在不深于30厘米的浅水处来回行走觅食，将张开的嘴伸入水中左右来回扫动。就像一把镰刀从一边到另一边来回割草一样。当碰到猎物时，即可捕住。有时甚至将嘴放到一边，拖着嘴迅速奔跑觅食。作为一种大型涉禽，白琵鹭"继承"了那嘴长、颈长、脚长"三长"的典型特点。

白琵鹭主要以虾、蟹、水生昆虫、甲壳类、软体动物、蛙、蝌蚪、蜥蜴、小鱼等小型脊椎动物和无脊椎动物为食，偶尔也吃少量植物性食物。觅食主要在早晨、黄昏和晚上。

大麻鳽

Botaurus stellaris

12 大麻鳽（冬候鸟，稀有种）
Botaurus stellaris 鹳形目鹭科

  大麻鳽是一种体型较大的涉禽，身长70~80厘米。嘴长而尖直，雌雄同色。体型呈纺锤形。

  大麻鳽性情羞怯，栖息在水域附近的芦苇丛、草丛或灌丛中，以鱼虾、蛙类、水生昆虫等小型动物为食。当它受到惊吓时，就立马像被施了定身咒，随即在草丛、芦苇或荷叶丛中站立不动，头、颈向上垂直伸直，嘴尖朝向天空，还会和四周枯草一样随风摆动身体，与枯草、芦苇、荷叶等融为一体，好像心中默念："你看不见我，你看不见我……"，样子十分滑稽可笑。

13 黄苇鳽（夏候鸟，稀有种）

Ixobrychus sinensis　鹳形目鹭科

黄苇鳽是一种中型涉禽。喜欢在中小型湖泊、水库、水塘和沼泽的浅水区域活动，或是在布满睡莲、荷叶等的水面上行走活动，借助叶片的支撑，伺机而动。植物园黄石假山的附近水域，三叠泉、树木园的荷塘都是它们喜爱的狩猎场所。

黄苇鳽性甚机警，遇有干扰，立刻伫立不动，向上伸长头颈观望。主要以小鱼、虾、蛙、水生昆虫等动物性食物为食。有趣的是，黄苇鳽捕到鱼后，会将鱼高高抛起，调整好方向，从鱼头将鱼吞下。

黄苇鳽

Ixobrychus sinensis

黑 鸦

Ixobrychus flavicollis

14 黑 鳽（夏候鸟，稀有种）
Ixobrychus flavicollis 鹳形目鹭科

黑鳽，一听它的名字就知道它肯定是个黑家伙了。确实，这家伙从嘴尖黑到脚趾头，只是胸部还杂了些白色纵条纹而已。相对而言，这家伙属于鳽类中比较好认的了。它性羞怯好奇，夜出性，主要在傍晚和夜间活动。白天喜隐匿在森林及植物茂密缠结的沼泽地，夜晚飞至其它地点进食。主食小鱼虾、泥鳅、蛙、小螃蟹以及昆虫等动物性食物，兼食少量植物性食物。常营巢于水边的芦苇丛、灌丛、竹林中。

跟黄苇鳽一样，它们喜欢在水景园、三叠泉及树木园等水面铺满荷叶或睡莲等的浅水区域活动觅食。

夜 鹭

Nycticorax nycticorax

15 夜 鹭（留鸟，优势种）

Nycticorax nycticorax　　鹳形目鹭科

夜鹭，体长约60厘米的中型涉禽。体型粗胖，颈短，头顶具有黑色顶冠，枕部具有2条白色长饰羽，背部黑色，腰、翅及尾灰色，下体白色。

夜鹭是一群典型的"夜猫子"，白天，它们常常隐蔽在沼泽、灌木丛或林间，只有等到夜幕四合、万籁俱寂之时，才会恢复活力。夜鹭常常与白鹭、牛背鹭、池鹭等混群相处。

夜鹭捕鱼很有特点。对于较小的鱼，它们会用尖尖的、硬硬的上下喙紧紧地夹住。对于稍微大一点儿的鱼呢，它们则会利用上喙先刺透鱼的身体，并同时将上、下喙合拢，牢牢地夹住猎物。

夜鹭是一种很聪明的鸟类，会用"鱼饵"钓鱼。捕鱼时，夜鹭会先把野果等诱饵扔在水里，然后在岸上或在浅水中静待，一旦发现猎物啄食诱饵，它就会迅速冲入水中，饱餐一顿。夜鹭主要取食蛙类、小鱼、虾等水生动物，偶尔吃一些植物性食物。受到惊吓的夜鹭会把吃进去的食物呕吐出来，经消化或未经消化的食物腥臭不堪，以此作为防卫，当然，人类也可以从中得到研究夜鹭食性的线索。

16 绿　　鹭（夏候鸟，稀有种）

Butorides striata　　鹳形目鹭科

绿鹭是体形较小的涉禽，额、头顶、枕、羽冠和眼下纹绿黑色。繁殖季，羽冠从枕部一直延伸到后枕下部，其中最后一枚羽毛特长。

性孤独羞怯。通常在黄昏和晚上活动，有时也见在水面上空飞翔。飞行时两翅鼓动频繁，速度甚快，但通常高度较低，一般多在水面上10~20米，很少超过河岸树的高度。飞行时脚往后伸，远远突出于尾外，但缩颈较小而不甚明显。

主要以鱼为食，也吃蛙、蟹、虾、水生昆虫等。觅食主要在清晨和黄昏。通常站在水边等待过往鱼类到来，然后从瞭望树上扎入水中捕食，甚至在水面飞翔时也能扎到水中捕食。

与池鹭一样，它们也喜好在植物园黄石假山附近活动，此处水域连片，视野开阔，方便它们警卫观察，伺机而动。

绿 鹭
Butorides striata

池 鹭
Ardeola bacchus

17 池　　鹭（夏候鸟，优势种）

Ardeola bacchus　　鹳形目鹭科

  池鹭属于鹭鸟类中颜色较为丰富的种类，有别于其它种类的黑、白、灰三色组合。雌雄鸟同色，雌鸟体型略小。雄性成鸟繁殖羽为栗色，胸部呈紫栗色，似披了一件栗色的披肩。背羽黑色并延伸呈蓑羽状，余为白色。嘴黄色，端部黑，基部白。

  常单独或成小群活动，有时也集成多达数十只的大群在一起，性较大胆。以动物性食物为主，包括鱼、虾、螺、蛙、泥鳅、水生昆虫、蝗虫等，兼食少量植物性食物。常站在水边或浅水中，用嘴飞快地攫食。夏天，喜欢在植物园黄石假山附近的水域活动。

牛背鹭

Bubulcus coromandus

18 牛背鹭（夏候鸟，常见种）

Bubulcus coromandus　鹳形目鹭科

　　顾名思义，牛背鹭是"站在牛背上的鹭"，它们确实常被发现站在牛背上。牛背鹭是目前世界上唯一不以食鱼为主而以昆虫为主食的鹭类，并与水牛（当然也包括其它家畜）结成了很亲密的依附关系。因为水牛的身上经常会滋生一些寄生虫，牛背鹭就自告奋勇，一"鸟"当先，啄食清除水牛身上的寄生虫或害虫。这样，各取所需，互利共生。除了牛背上，它们也会在牛附近的地面活动，因为牛在草地里活动会惊出藏匿其中的虫子（比如蚱蜢、蟋蟀之类），同样可以果腹。另外，它们还会在各种大型哺乳动物身上或是旁边觅食，比如马、野猪，甚至大象，甚是有趣。

　　当然，并不是说没有水牛之类的大型动物，牛背鹭就不能单独生存，只是它们更乐于这种协作关系。在植物园，虽然不见水牛，但依然能邂逅牛背鹭，只是不常见而已。

19 白鹭（留鸟，优势种）

Egretta garzetta　鹳形目鹭科

小白鹭

白鹭又名"小白鹭"，与大白鹭和中白鹭一样，都是全身白色，而白鹭是这3种里体型最小的。一般我们所说的"白鹭"应该是指白色的鹭鸟，包括前面3种。

白鹭全身雪白，黑色的嘴很长。腿（跗跖）黑色，脚（爪）鲜黄色。在繁殖期，它的颈背部会有较长的丝状饰羽，头后也有两根显眼的发辫状饰羽。

在浅水里找鱼的白鹭边走边靠鲜黄色的脚在水里搅动吸引鱼儿的注意，或是打乱鱼群，然后蓄力一击……当然，也不一定每次都能捉到鱼。

各种白色鹭鸟都喜欢在湿地区域活动觅食，但却把巢建在树上，而且这些巢区通常离它们常出没的湿地并不近。鹭鸟类会利用上年的旧巢重新装修后使用，这样可以节约很多时间和精力。

白 鹭
Egretta garzetta

大白鹭

大白鹭是白鹭家族里最大的,体长可达 90 厘米,相当于白鹭的 1.5 倍,在野外,看起来完全就是加长版的白鹭。当然,在没有参照物的时候不太好辨别,但是等它们混群时,就能一眼识别了,完全像是大人领着个小孩。大白鹭的嘴可以变色,在春夏繁殖季,它的嘴和白鹭一样是纯黑色的;而在秋冬季节,大白鹭的嘴会全部变成黄色。另外,大白鹭的爪和腿都是黑色的,不像白鹭那样有黄色的爪配黑色的腿。

在繁殖期,大白鹭也有长而下垂的饰羽,而且比白鹭的更长、更漂亮。只不过,大白鹭的头部并没有像白鹭头顶上的两根独特的"小辫子"。

中白鹭

中白鹭的体型（约70厘米）介于大白鹭和白鹭之间，繁殖季嘴端部为黑色，但嘴基黄色，黄黑两色约各占一半；非繁殖期嘴大部变为黄色，仅嘴尖部有一点黑色。跟大白鹭一样，中白鹭的爪和腿也是黑色的。身上也有饰羽，但不似白鹭繁殖羽的那两根"小辫"，到了非繁殖季，所有丝状饰羽褪去。在野外不太好识别，但可以拍完照片拿到室内后，靠一些更为细节的特征去辨别，比如中白鹭的嘴裂截止到眼睛下方，而大白鹭的嘴裂更深，一直延伸到明显超过眼睛下方。此外，中白鹭的脖子和嘴也都比大白鹭的短。

普通鸬鹚

Phalacrocorax carbo

20 普通鸬鹚（冬候鸟，优势种）

Phalacrocorax carbo 　鹈形目鸬鹚科

普通鸬鹚是体型较大（约90厘米）的水鸟，全身黑色，喙的基部露出黄色裸皮，脸颊白色，虹膜蓝绿色。到了繁殖期，鸬鹚的头和颈甚至会变成白色，来吸引异性。

普通鸬鹚喜欢站在水边的树枝上展开双翅梳理和晒太阳，理毛时会仔细地把尾脂腺的油脂涂遍身上的羽毛，看起来油光锃亮。它的羽毛防水性能一般，因而每次下水后都需要较长时间来整理湿透的羽毛。

普通鸬鹚可以在深水里捕鱼，不过更喜欢在浅水里捕鱼。它们会把捕到的鱼带到水面上再吞掉，利用这个特点，中国渔民自3000多年前就开始训练鸬鹚捕鱼。渔民将捕捉后驯养熟练的鸬鹚放进河流，鸬鹚捕捉到鱼后，一浮出水面，渔民就把它拉上船（提前先在脖子下扎绳套，免得把大鱼吞下去），提着脚挤压脖子把鱼倒出来，再放出去重复劳动。当然，作为犒赏，一般在鸬鹚捕到大鱼后，渔民再把脖子上的绳套松开，喂食一些小鱼做奖励。现在，随着捕猎方式的改进，人们已很少再劳役这些"捕鱼高手"了。

每年的11月初，会有1000羽左右的普通鸬鹚从青海湖飞到合肥植物园附近的水上森林活动，把握好时间点，见到它们应该不难。

凤头鹰

Accipiter trivirgatus

21 凤头鹰(旅鸟，稀有种)
Accipiter trivirgatus　鹰形目鹰科

所有的猛禽都是国家二级重点保护野生动物，凤头鹰当然也不例外。听到"凤头"大概能猜个十之八九，对了，与凤头䴙䴘、凤头潜鸭类似，它们的头顶都有一簇羽冠，只是样式不同而已。凤头鹰属中等猛禽，体长36~50厘米，翼指6枚，颈白，具一条黑褐色的喉中线。

多单独活动，飞行缓慢，也不很高。有时也利用上升的热气流在空中盘旋和翱翔，盘旋时两翼常往下压和抖动。主要以蛙、蜥蜴、鼠类、昆虫等动物性食物为食，也吃鸟和其它小型哺乳动物。日出性，主要在森林中的地面上捕食，常躲藏在树枝丛间，发现猎物时才突然出击。

22 松雀鹰（旅鸟，稀有种）
Accipiter virgatus　鹰形目鹰科

常单独或成对在林缘和丛林边等较为空旷处活动和觅食。性机警。常站在林缘高大的枯树顶枝上，等待和偷袭过往的小鸟，并时不时发出尖利的叫声，飞行迅速，亦善于滑翔。

与凤头鹰不同，松雀鹰具翼指5枚，尾具4道暗色横斑。以各种小鸟为食，也吃蜥蜴、蝗虫、蚱蜢、甲虫以及其它昆虫和小型鼠类，有时甚至捕杀鹌鹑和鸠鸽类等中小型鸟类。

松雀鷹
Accipiter virgatus

普通鵟

Buteo japonicus

23 普通鵟（冬候鸟，稀有种）
Buteo japonicus　鹰形目鹰科

　　普通鵟属中型猛禽，体长 50~59 厘米。体色变化较大，上体主要为暗褐色，下体主要为暗褐色或淡褐色，具深棕色横斑或纵纹，尾淡灰褐色，具多道暗色横斑。具翼指 5 枚。不似其它鵟类的鼻孔与嘴裂成斜角状，普通鵟的鼻孔位置与嘴裂呈平行状。

　　普通鵟性机警，视觉敏锐。善飞翔，每天大部分时间都在空中盘旋滑翔。除啮齿类外，也吃蛙、蜥蜴、蛇、野兔、小鸟和大型昆虫等动物性食物，有时也到村庄捕食鸡等家禽。捕食方式主要通过在空中盘旋飞翔，通过锐利的眼睛观察和寻觅，一旦发现地面猎物，突然快速俯冲而下，用利爪抓捕。此外也栖息于树枝或电线杆上等高处等待猎物，伺机突袭。

白胸苦恶鸟

Amaurornis phoenicurus

24 白胸苦恶鸟（夏候鸟，稀有种）

Amaurornis phoenicurus 鹤形目秧鸡科

白胸苦恶鸟的名字来源于它的叫声，每到繁殖季节，求偶鸣声单调重复"苦恶……苦恶……"。看它的样子其实更像是一只"大鸡"，只是体型要比鸡瘦高，腿也长多了，行走时头颈前后伸缩，尾上下摆动。典型的还是它的白脸白胸脯，因而也有别名叫"白面鸡"。

性机警、隐蔽，常单独或成对活动，偶尔集成 3~5 只的小群。白天常躲藏在芦苇丛或草丛中，不轻易出来。晨昏和晚上活动时常伴随着清脆的鸣叫，善行走，无论在芦苇丛上或地上，行走都很轻快、敏捷。有时也在水中游泳，飞翔力差，平时很少飞翔。迫不得已时，飞行 10 余米或数十米又落入草丛。在植物园西大塘一带活动，不甚常见。类似的，植物园还有红脚苦恶鸟，它们都属于罕见类群。

25 黑水鸡（留鸟，优势种）

Gallinula chloropus　鹤形目秧鸡科

黑水鸡是鹤形目秧鸡科的鸟类，对，它是一种会游泳的鸡，不是鸭。通体青黑色，除了两胁杂了几根小白毛，尾下还有两块白斑，只不过它不翘尾巴你就不容易发现是两块。额甲至嘴巴都是鲜红色，但到嘴尖处却变成了亮黄色，红黄搭配让人不禁想起了国旗色。

不像鸭类偏爱水库的大面积水域，黑水鸡更喜欢水面铺满植物（睡莲、荷花、芦苇、菱角、聚草等）的小河塘，黄石假山附近的水域是它们的最爱。因是植物园的留鸟，一年四季都能见到它们。尤其是春夏季，它们喜欢在睡莲叶子上走动觅食，小鱼、小虾、蜘蛛、蜗牛来者不拒，还会来点水草嫩茎换换口味。

生性机警敏锐，一旦感觉到威胁，立刻钻入水中不见了。善游泳和潜水，不善飞翔。一般营巢于岸边芦苇丛中，或营浮巢于水面。孵卵以雌鸟为主。秧鸡科的雏鸟都是早成性，黑水鸡也不例外，一出生就会走。

黑水鸡

Gallinula chloropus

黑翅长脚鹬

Himantopus himantopus

26 黑翅长脚鹬（留鸟，稀有种）

Himantopus himantopus　　鸻形目反嘴鹬科

黑翅长脚鹬体型高挑修长，用"亭亭玉立"来形容再合适不过了，粉红的细长腿好似在踩高跷，真怕它走不稳。全身雪白，配上黑披风（翅膀），加之干练利落的黑细长嘴，颇有玉树临风之势。

黑翅长脚鹬行走缓慢，步履轻盈，姿态优美，但奔跑和在有风时稍显笨拙。常边走边在地面或水面啄食，或通过疾速奔跑追捕食物，有时也将嘴插入泥中探寻食物，甚至进到齐腹深的水中将头浸入其中觅食。性胆小而机警，当有干扰者接近时，常不断点头示威，自觉示威无效后，自己飞走，上演"惹不起，躲得起"。

反嘴鹬

Recurvirostra avosetta

27 反嘴鹬（旅鸟，稀有种）

Recurvirostra avosetta　鸻形目反嘴鹬科

如果问什么鸟最好认，除了戴胜，我推荐的就是反嘴鹬了。识别鸟类，除了体型、羽毛，嘴和腿也是很重要的识别特征。不同的嘴型反映了它们的食性特征。一般的鸟嘴要么直，要么弯，而且弯的鸟嘴一般都是朝下弯，比如前面提到的鹰类，只有这货的嘴反其道而行之，向上弯！不仅合肥，全安徽也就这一种鸟的嘴长成这样，看到嘴，你就一定不会认错！

反嘴鹬常在浅水处活动觅食，步履缓慢而稳健，边走边啄食或边游泳边觅食。主食小鱼虾、甲壳类、昆虫、蠕虫和软体动物等动物性食物。也常将嘴伸入水中或稀泥里面，左右来回扫动觅食。真怕它扫动的时候，嘴被卡到草根或哪个缝缝里拔不出来。

28 凤头麦鸡（冬候鸟，常见种）

Vanellus vanellus 鸻形目鸻科

看到名字"凤头"二字不难猜出，肯定是头顶又有撮小毛毛了。一般的"凤头"要么像凤头鹛鹛一样，是一撮小毛毛，要么像凤头鹰那样一小绺垂在脑后，只有这货是两根长辫子高高往上翘起，好似孙悟空帽子上的两根顶戴花翎。

凤头麦鸡多营巢于草地或沼泽草甸边的盐碱地上，巢甚简陋，系利用地上凹坑或将地上泥土扒成一圆形凹坑即成，内无铺垫或仅垫少许草茎和草叶。不同于其它鸟类的雌雄亲鸟共同孵卵，凤头麦鸡孵蛋的任务主要是由雄鸟来完成。雏鸟早成性，出壳后的第二天即能离巢行走，遇人后先急速奔跑，后隐藏在杂草根部不动，亲鸟则在空中来回飞行鸣叫转移天敌的注意力。

凤头麦鸡

Vanellus vanellus

长嘴剑鸻

Charadrius placidus

29 长嘴剑鸻（留鸟，稀有种）
Charadrius placidus　鸻形目鸻科

老实说，这鸟挺不好认的，除了它的"白围脖"基本没啥特色，还叫"长嘴剑鸻"，本以为它的嘴就算没有黑翅长脚鹬那么细长，最次也得有池鹭那么长的吧，结果，这货的嘴就这么点，还好意思称为"长嘴"。后来，请教专家，才知道它的"长"是相对它所属的鸻科鸻属的其它种而言的，别人的名字比如金眶鸻什么的，都比它有特色，实在是找不到什么突出点，也就剩个嘴相对长了，于是就起了这么个中文名了。嗯，起个名字好听又有特点，难为这些分类学家们了。

扇尾沙锥

Gallinago gallinago

30 扇尾沙锥（冬候鸟，常见种）
Gallinago gallinago　鸻形目丘鹬科

"肚子胖胖的大长嘴"是对扇尾沙锥的第一印象。扇尾沙锥常单独或成 3~5 只的小群活动。迁徙期间有时也集成 40 多只的大群。多在晚上和黎明与黄昏时候活动，白天多隐藏在植物丛中。但在干扰小而又隐蔽的地方，白天有时也活动。遇有干扰时，常就地蹲下不动，或疾速跑至附近草丛中隐蔽，头颈紧缩，长嘴紧贴胸前，直到危险临近时才突然冲出飞逃。看似形态笨拙，实则飞逃时敏捷而疾速，常直上直下，飞行中多次急速转弯，常呈"S"形或锯齿状曲折飞行。经过几次急转弯后，很快升入高空，常在空中盘旋一圈后，才又急速冲入地上草丛中隐匿。

31 白腰草鹬（冬候鸟，稀有种）

Tringa ochropus 鸻形目丘鹬科

　　肚子白白，屁股白白，身上麻灰一团，作为合肥的冬候鸟，白腰草鹬在寒风萧瑟的枯草中一卧，不仔细寻找，真的很难发现它们，这也是鸟类们自我保护的大法之一。相较于其它的涉禽有"三长"，鹬类却只有"两长"——嘴长、腿长，至于脖子，跟它们比起来，实在不足一提。除了"白腰"以外，它的尾巴也与其它鹬类明显不同，黑尾巴虽短，可上面白色的横条纹还是很明显，凭着这两点就能轻松识别白腰草鹬了。

白腰草鷸

Tringa ochropus

红嘴鸥

Chroicocephalus ridibundus

32 红嘴鸥（旅鸟，常见种）

Chroicocephalus ridibundus　鸻形目鸥科

  红嘴鸥冬羽几乎全身雪白，只有耳朵后面有一个黑色小点点，好似一颗黑痣。成鸟嘴红色是它的典型特征（要不人家咋取个这名字呢），有一双"鸭脚"（蹼与鸭类似），从它的脚就可以看出，它善于游泳。

  红嘴鸥喜集群，常成小群活动，冬季在越冬的水面经常集成近百只的大群。常在水面上空飞翔或在水面上游泳，喜欢在开阔的董铺水库区域停落休息，在植物园的"落霞飞凫"观看它们最容易。因为它是鸥类里最常见的种，到了迁徙季，一般说鸥来了，蒙个"红嘴鸥"，能对十之八九。

须浮鸥

Chlidonias hybrida

33 须浮鸥（夏候鸟，常见种）

Chlidonias hybrida　鸻形目燕鸥科

须浮鸥作为夏候鸟，在合肥，我们一般只能见到它的夏羽（繁殖羽），前额自嘴基沿眼下缘经耳区到后枕的整个头顶部都是黑色，翅膀灰色。合肥还有一种白翅浮鸥，不过它是冬候鸟，植物园看不到。

须浮鸥常成群活动。频繁地在水面上空振翅飞翔，飞行轻快而有力，有时能保持在一定地方振翅飞翔而不动地方。觅食主要在水面和沼泽地，主要以小鱼、虾、水生昆虫等水生脊椎和无脊椎动物为食，有时也吃部分水生植物。

34 珠颈斑鸠（留鸟，优势种）

Strepopelia chinensis 鸽形目鸠鸽科

珠颈斑鸠体长30厘米左右，和鸽子大小相似，叫声也类似鸽子的"咕咕"声，俗称"野鸽子"。通体褐色，颈部至腹部略沾粉色。最引人注意的是它的颈部两侧为黑色，密布白色斑点，像许许多多的"珍珠"散落在颈部，因而得名"珠颈"斑鸠。不过这个珍珠斑点只有成年鸟才有，幼鸟是没有的，且幼鸟的颜色也没有成鸟那样鲜艳。

珠颈斑鸠大部分人可能都见过，只是可能叫不上名字而已，它是一种"心大"的鸟，时不时爱在人家阳台甚至学生宿舍等人流密集的地方做窝。当然，能被珠颈斑鸠选中做窝，孩子们一般都很兴奋，不舍得伤害它们，甚至还会主动给它们喂食。在野外，珠颈斑鸠常筑巢于树上（偶尔也在地面或者建筑上繁殖），以树枝在树杈间编筑简陋的编织巢。雏鸟属晚成性，由亲鸟共同抚育，雏鸟将嘴伸入亲鸟口中取食亲鸟从嗉囊中吐出的半消化乳状食物"鸽乳"。经18~20天的喂养，幼鸟即可离巢飞翔。植物园内还有一种和珠颈斑鸠相似的鸟，叫山斑鸠，与珠颈斑鸠区别在于颈侧有带明显黑白色条纹的块状斑，喜欢在植物园竹林落叶内翻找食物，不甚怕人。斑鸠还有一特殊技能，它不似其它鸟类在嘴里吸满水之后必须将头后仰才能咽下，斑鸠可以通过吮吸快速地喝水。

珠颈斑鸠

Strepopelia chinensis

小鸦鹃

Centropus bengalensis

35 小鸦鹃（夏候鸟，稀有种）

Centropus bengalensis　鹃形目杜鹃科

初见小鸦鹃，这不就是一只披着蓑衣（栗色翅膀）的"乌鸦"嘛，不过嘴没有乌鸦那么粗犷彪悍罢了。常单独或成对活动。性机智而隐蔽，稍有惊动，立即奔入稠茂的灌木丛或草丛中。主要以蝗虫、蝼蛄、金龟甲、蝽象、白蚁、螳螂、蠹斯等昆虫和其它小型动物为食，也吃少量植物果实与种子。

与其它的杜鹃科鸟类巢寄生现象不同，小鸦鹃是自己做窝产卵的。繁殖期为3~8月。营巢于茂密的灌木丛、矮竹丛或小树枝上，巢主要以菖蒲、芒草和其它干草构成，形状为球形或椭圆形。每窝产卵3~5枚，卵白色无斑。由雌雄亲鸟轮流孵化。雏鸟属晚成性，由雌雄亲鸟共同喂育。

噪鹃（雌鸟）

Eudynamys scolopaceus

36 噪鹃（夏候鸟，稀有种）

Eudynamys scolopaceus 鹃形目杜鹃科

噪鹃体长39~46厘米，约重350克，属中型鸟类。雄鸟通体黑色，形似乌鸦，不过体型比乌鸦大，嘴也没有乌鸦那么宽厚。雌鸟上体暗褐色，并满布整齐的白色小斑点。背、翅上覆羽及飞羽，以及尾羽白色斑点常呈横斑状排列。如此均匀排列的白斑点，在鸟类中也是独树一帜，非常好认。

噪鹃繁殖期3~8月，与四声杜鹃一样，自己不营巢和孵卵，通常将卵产在黑领椋鸟、喜鹊和红嘴蓝鹊等鸟的巢中，由别的鸟代孵代育。

37 四声杜鹃（夏候鸟，稀有种）

Cuculus micropterus   鹃形目杜鹃科

四声杜鹃的名字来源于它的叫声，十分响亮，为四声一度（有人形容它的叫声是"光棍好苦"）。四声杜鹃通常在林冠层活动，一般躲在浓密的树冠里只叫不动，因此很难看见它的身影，更别说拍到它们了，因而往往是"只闻其声，不见其人"。如果问，闻声识鸟哪种鸟最容易识别，除了充气钻似的啄木鸟声，就数四声杜鹃的声音最容易听出来了，不过它们都有一个共同点，太难找了。

四声杜鹃从不自己筑巢，而是把卵产在其它的林栖性雀形目鸟类（如灰喜鹊、大苇莺、黑卷尾等）的巢中，由它们代为孵化和养育雏鸟，即为所谓的"巢寄生"。另外，植物园也分布有其它杜鹃科巢寄生鸟类，如红翅凤头鹃、大鹰鹃、大杜鹃、中杜鹃、小杜鹃和噪鹃，它们喜欢将卵产在灰喜鹊、喜鹊、红嘴蓝鹊等的巢中。具体来说，就是杜鹃选好寄主后趁寄主不在，把寄主所产下的蛋吃掉一个，同时把自己高仿寄主的蛋（每种杜鹃的蛋的外表都和它的寄主产的蛋相似）下到这个巢里，然后就离去不管了。杜鹃的蛋总是比寄主的蛋孵化得早一点，一旦孵出来，雏鸟就会本能地把巢里其它的蛋都挤出去（蛋掉到地上摔碎了），独占这个巢，"鸠占鹊巢"

就是这么来的（这里的鸠即杜鹃，不是斑鸠）。在排除了所有潜在的竞争对手后，杜鹃宝宝就独占了寄主的资源，寄主会一直把它当成自己的孩子喂养大。寄主身形通常比杜鹃小，因此常能见到一只小鸟喂养一只比它大几倍的大宝宝，怎么喂都喂不饱的样子。

四声杜鹃
Cuculus micropterus

红角鸮

Otus sunia

38 红角鸮（留鸟，稀有种）

Otus sunia　鸮形目鸱鸮科

红角鸮是国家二级重点保护野生鸟类，相貌十分符合公众对猫头鹰形象的印象：圆脸庞，大眼睛，还有一对直立的"耳朵"——其实那是耳孔附近生长的羽毛，据说有促进声波聚焦的功效。

红角鸮其实十分娇小，即使伸直脖子、挺胸抬头也不过两个拳头叠起来这么高，而且浑圆的头部占了很大比例。平时它们的"耳羽"并不竖立，只有在情绪较为激动或者受到威胁的场合才会显现出怒发冲冠的样子来，这个形态也是"角鸮"这一名字的来源。

领鸺鹠

Glaucidium brodiei

39 领鸺鹠（留鸟，稀有种）

Glaucidium brodiei　鸮形目鸱鸮科

很多鸟的名字以"领"字开头，比如领雀嘴鹎、领角鸮等，它们或具有明显的颈圈条纹，或是颈部与背部颜色有较明显的分界，给人的感觉好像脖子上围了个领子。领鸺鹠的头后有两个明显的黑斑，黑斑周围是黄色的边缘（貌似假眼），黄色条纹在头后中间位置形成一个"Y"字形的图案（"领"的来源），远看酷似瞪眼瞅你的"另一张脸"。领鸺鹠的头部可以旋转270°，旋转到身前的假眼可以诱骗猎物飞到自己的正脸方向（猎物见到假脸，以为是正脸，于是会躲避到它所认为的"后面"——真正的正脸），易于捕捉。

领鸺鹠号称是中国最小的猫头鹰。成年领鸺鹠的体长也不过15厘米左右，体重五六十克，仅比我们熟悉的麻雀大一点点。别看领鸺鹠安静时候是个萌萌的小毛球，但人家可不是吃素的。相较于其它的鸮类猛禽，领鸺鹠更喜欢在白天活动。它的食物主要包括小型鸟类、蜥蜴、老鼠以及蝉、蚱蜢等大型昆虫。有时甚至会捕食和它自身差不多大的鸟，然后站在枝头，一点一点把猎物撕裂食用，这时猛禽的凶狠就暴露无遗了。所以，受到领鸺鹠欺负的各种小鸟，对它的叫声十分敏感。

40 三宝鸟（夏候鸟，稀有种）

Eurystomus orientalis 佛法僧目佛法僧科

三宝鸟喜欢在植物园水库边的密林里活动觅食，单只或成对活动，常停歇于枯枝上，捕食空中和树上的虫子。

三宝鸟在树洞中繁殖，它一般不自己挖洞，更喜欢选择开阔林地里有天然树洞的树，在洞里直接筑巢。也会选择啄木鸟或拟啄木鸟往年筑巢时遗留下的树洞。一般巢里下2~3枚卵，雌雄亲鸟会一起抚养幼鸟。

三宝鸟在分类上属于佛法僧目佛法僧科，为本科中比较有代表性的种类。"三宝"得名于佛教三宝（佛、法、僧），是来自日语里对三宝鸟叫声的描述。但这事儿其实是个乌龙，当初描述的发音其实是一种猫头鹰（红角鸮）的叫声而非三宝鸟。日本学者中村幸雄在1934年的夏天还特地考证过，不仅研究了叫声出现的时间和三宝鸟活动规律的关系，还在得到许可后在7月里对一个鸣唱着"佛法僧"的鸟开了一枪，掉下来的正是一只红角鸮。

三宝鸟
Eurystomus orientalis

41 普通翠鸟（留鸟，常见种）

Alcedo atthis　佛法僧目翠鸟科

普通翠鸟是留鸟，颜色鲜亮，拍鸟的"鸟人"们一般称之为"小翠"。它们喜欢在水库边活动，一般到大型水域，有陡峭墙壁或是密林的地方比较容易找到。在"鸟人"等不到其它想要拍的鸟种，百无聊赖之际，往往拿它来打打牙祭。因而，在鸟友圈，基本是家家必备之良品，好歹总比空手而归强点。"早起的鸟儿有虫吃"，但冬天的翠鸟一般要晒到十点以后才出去抓鱼，普通鵟更是要晒到中午以后才肯出门觅食。

翠鸟性孤独，单独或成对活动。平时常独栖在近水边的树枝上或岩石上，伺机猎食。食物以小鱼为主（每天吃掉的鱼约占体重的60%），兼吃甲壳类和多种水生昆虫及其幼虫，也啄食小型蛙类和少量水生植物。翠鸟扎入水中后，还能保持极佳的视力，因为它的眼睛进入水中后，能迅速调整水中因为光线造成的视角反差，所以捕鱼本领很强。翠鸟家族都会有一种神奇的技能，它们会把食物中较难消化的部分比如鱼骨、鱼鳞等压缩成唾余后吐掉。

繁殖期4~7月。通常营巢于水域岸边或附近陡直的土岩或沙岩壁上，用嘴挖掘隧道式洞穴作巢。洞圆形，洞口小，末端大，巢穴内仅有些松软的沙土做垫物。雌雄亲鸟轮流孵卵，孵化期19~21天。在野生环境中，只有大约一半的幼鸟能存活一两个星期以上，大多数翠鸟死于寒冷或缺乏食物。只有四分之一的幼崽能存活到下一年，但这已足够维持种群数量了。同样，只有四分之一的成鸟能存活到下一个繁殖季节。所以总体上来说，这种鸟只有很少一部分寿命超过了一个繁殖季（这就是为什么你看到书上说普通翠鸟的一般寿命为1年），当然也有例外，历史上有记录的最长寿的普通翠鸟活到了21岁。

普通翠鸟
Alcedo atthis

冠鱼狗

Megaceryle lugubris

42 冠鱼狗（留鸟，稀有种）

Megaceryle lugubris 佛法僧目翠鸟科

鱼狗是吃鱼的翠鸟类群中体型较大者，常在水边等候小鱼出现，姿态如猎狗蹲伏，故而得名。冠鱼狗是鱼狗的一种，"冠"的名称由来是因为头上有耸立的冠羽，颇有"冲冠一怒为红颜"之势。不过人家只是为了警戒而已，无非是展示一下自己有多帅气、威武，"你们不要靠近我，这是我的地盘，都不要跟我抢"。到了飞翔的时候，它则会收起羽冠，毕竟戴着这个赶路太不方便了，增加阻力不说，搞不好还会弄乱发型，得不偿失。

冠鱼狗平时常独栖在靠近水边的树枝顶、电线杆顶或岩石上，伺机猎食。一旦发现食物，迅速俯冲而下，动作利落。食物以小鱼为主，兼吃甲壳类和多种水生昆虫及其幼虫，也啄食小型蛙类和少量水生植物。它会把捕获的猎物放到栖木上，并不断摆弄，甚至把鱼抛起来，以便先从头把鱼吞下去。与翠鸟一样，它在水中还能保持极佳的视力，所以捕鱼本领很强。冠鱼狗喜欢在水质好的区域活动，所以也是一种环境指示生物。

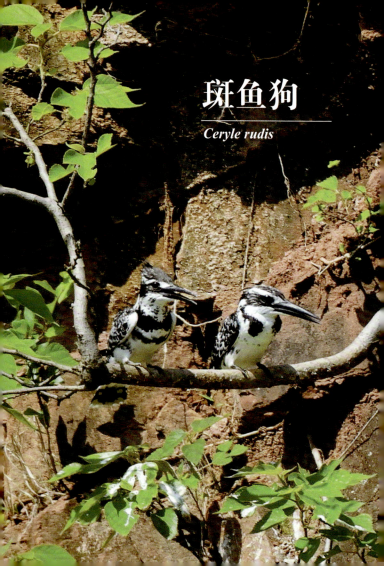

斑鱼狗

Ceryle rudis

43 斑鱼狗（留鸟，稀有种）

Ceryle rudis 佛法僧目翠鸟科

与冠鱼狗类似，斑鱼狗也是典型的黑白配色，只是不同于冠鱼狗的均匀斑点，斑鱼狗身体的黑白色均呈斑块状，头顶也没有那一撮小毛毛。斑鱼狗常成对或结群活动于较大水体附近（植物园水库附近的峭壁是其最爱的活动场所），喜嘈杂，是唯一常盘桓水面寻食的鱼狗。多在距水面几米至十几米的低空飞翔觅食，时而贴近水面，时而升起，来回振翅飞翔。休息时多栖息于水边树上，特别是枯树和岩石上。同时注视着水中动静，一发现鱼类，立即冲入水中捕食。捕到鱼后，回到蹲守点，左右猛甩几下把鱼摔死，调整好鱼头向内，仰头张口吞下。食物以小鱼为主，也吃甲壳类和多种水生昆虫及其幼虫，甚至少量水生植物。

与翠鸟类似，营巢于河流岸边沙岩上，自己掘洞为巢，无任何内垫物。每窝产卵3~6枚，多为4~5枚。雏鸟属晚成性，由雌雄亲鸟共同喂养抚育。

44 戴 胜（留鸟，稀有种）

Upupa epops 犀鸟目戴胜科

戴胜，顾名思义，就是戴了个"胜"。戴即佩戴的意思；胜，是华胜，和步摇、簪、钗等一样，是古代的女性头饰。戴胜的一大特征就是羽冠，平时收拢在脑后，在紧张、兴奋或求偶时会展开，看起来就像"戴着胜"。

戴胜其实很常见，在植物园的开阔草地经常能见到它们的身影，尤其以梅园"远香榭"附近的草地最常见。平时喜欢在草地上找虫子吃。下雨后，蚯蚓出来，它们最活跃。对于不认识鸟的小白们来说，见过戴胜必能过目不忘，因为一般常见的小鸟头上都没这样的羽冠，一下子认识这么个别致的鸟种，必定欣喜不已。至于它们那臭烘烘的身体和鸟巢（别名也叫臭姑姑），反正只要你不离它太近也感觉不到。很多鸟都会在"室外"排泄，或者鸟父母喂完孩子后，及时把孩子们的排泄物吞掉，但戴胜却不同——幼鸟的吃喝拉撒都在家里进行，父母也基本不搞卫生，当然，这些其实都是故意的。不仅如此，雌鸟尾部还有一种腺体，在繁殖期会产生一种散发着腐肉气味的分泌物，鸟宝宝也能产生这种分泌物，它们把这种分泌物涂抹到羽毛上，以期熏走捕食者和寄生虫。不了解戴胜，或许不了解如此奇葩"肮脏"的防御术。

戴 胜

Upupa epops

大斑啄木鸟

Dendrocopos major

45 大斑啄木鸟（留鸟，稀有种）

Dendrocopos major　鴷形目啄木鸟科

大斑啄木鸟全身黑、白、红三色分明，背部基本上是黑色的，头顶黑色泛蓝光。眼睛周围白色，后脑勺的颜色是区分雌雄的标志：雄鸟是鲜红色的，而雌鸟是黑色的。之所以叫"大斑"啄木鸟，是因为它翅膀背面有两个特别明显的大白斑，收拢时背上像是用白笔写了一个倒着的"八"字。

大斑啄木鸟生性谨慎，经常是"只闻其声，不见其人"。如果对它的叫声不敏感，但对它的充气钻似的啄木声一定过耳不忘（敲击频率可达每秒20下）。如果说什么鸟声最好识别，那一定就是它了。当然，想找到它们不太容易，甚至它不发出声音时，你完全会忽视它。当你发现它，完全想象不到小小的身体居然有这么大的能量！

喜结连理的大斑啄木鸟，会选择十几米高的树干，啄出一个树洞作为繁殖巢。洞口大多朝东，往往位于侧枝的下方。啄木鸟在自己凿出来的树洞中繁殖，这类自己凿洞繁殖的鸟叫初级洞巢鸟。它们在森林生态系统中占有极其重要的位置——它们用过的树洞会成为次级洞巢鸟（不自己凿洞）的鸟巢，比如山雀、䴓、椋鸟等小鸟。

大斑啄木鸟有翅膀，但相对身体而言很小，不能支撑迅捷持久的飞行。脚强健，4个脚趾2个向前，2个向后，各趾端均具有锐利的爪,巧于攀登树木。尾羽羽干刚硬如棘,能以尖端撑在树干上,与两只脚形成稳固三角形,方便其用力啄树干。舌细长,伸缩自如,先端并列生短钩。常由树干基部螺旋上攀,到达树杈时又飞到另一棵树的基部再往上搜寻,能用长舌将树皮下和树干木质部里的害虫粘钩出来。主食蚂蚁、小蠹虫和天牛幼虫,偶尔也吃植物果实、种子。

李刚等调查了农田林网中大斑啄木鸟对光肩星天牛的控制作用,发现 1 只啄木鸟平均每天可以啄食 23 只天牛幼虫,对光肩星天牛的平均啄食率达 72.3%。除了大斑啄木鸟,合肥分布的其余 3 种啄木鸟——斑姬啄木鸟、星头啄木鸟和灰头绿啄木鸟,植物园都能见到。夏天的时候它们都是隐匿高手,到了冬季,树叶该落的也落了,找它们就容易多了。

46 红　　隼 (留鸟,稀有种)

Falco tinnunculus　隼形目隼科

小型猛禽,体长 31~37 厘米。红隼繁殖时,喜欢抢喜鹊和乌鸦的巢或者用它们的旧巢。如果抢不到巢,它们也会自己筑巢。虽然搭的巢不如喜鹊的宏伟壮观,但比起斑鸠还是要好多了。

红 隼

Falco tinnunculus

　　红隼一窝下 3~6 枚卵，一般来说没法全都养活到出巢，有的甚至全军覆没。孵卵全靠雌鸟，雄鸟在附近守卫。雏鸟孵出以后则靠雌雄亲鸟共同捕猎喂养。大多数小红隼在两岁之前就死掉了，能够平安活过一岁的只有一小半。

　　红隼的主食之一就是鼠类，而鼠类通常都藏在浓密的草丛中不易被发现和捕获。但红隼的眼睛可以看见紫外光，并以此识别老鼠尿的新鲜程度，从而判别鼠类的活动区域。另外，红隼有如同蜂鸟一般的振翅悬停技能，可以在空中扇动两翅，将身体短时间内定在空中低头观察猎物，一旦发现猎物，则俯冲而下捕杀。有了这两项绝技，老鼠们在劫难逃。

游 隼

Falco peregrinus

47 游 隼(旅鸟，稀有种)

Falco peregrinus 隼形目隼科

  游隼是中型猛禽，体长41~50厘米。翅长而尖，眼周黄色，颊有一粗壮的垂直向下的黑色髭纹，好似络腮胡子般。

  游隼性情凶猛，大多数时候都在空中飞翔巡猎。相较于其它猛禽爱吃鼠类，游隼更偏爱抓小鸟，主要捕食野鸭、鸥、鸠鸽类、乌鸦等中小型鸟类，鼠类和野兔只是偶尔拿来换换口味。不过，在孵卵期间，即使面对比其体形大很多的金雕、隼、鸾等，也敢于进行攻击。

  游隼，号称是世界上飞行最快的鸟。当它发现猎物时首先快速升上高空，占领制高点，然后将双翅折起，使翅膀上的飞羽和身体的纵轴平行，头收缩到肩部，以每秒钟75~100米的速度，近似垂直地从高空俯冲而下。因为速度惊人，一般猎物还没来得及反应躲避，就被一击毙命。它会将猎物带到一个较为隐蔽的地方，用双脚按住，用嘴剥除羽毛后再撕裂成小块吞食。

  隼类的寿命较长，都为一夫一妻制，除非其中一方不幸遇难，否则一般都终生相随。不过由于环境污染，目前游隼的生存状况受到严重威胁，数量急剧下降。

小灰山椒鸟

Pericrocotus cantonensis

48 小灰山椒鸟（夏候鸟，稀有种）

Pericrocotus cantonensis　雀形目鹃鵙科

  小灰山椒鸟是一种羽毛是黑、灰及白色的山椒鸟。与近似种灰山椒鸟的区别主要在于小灰山椒鸟腰及尾羽上覆羽浅皮黄色，颈背灰色较浓，通常具醒目的白色翼斑。

  常成群活动于高大乔木的上层。往年在植物园见的不多，算得上是稀有种，但近年随着植物园的生态环境的日益改善，几乎可以说是"泛滥成灾"了，说不定您在游园过程中，一抬头就能邂逅它们。

  它们停留时常单独或成对栖于大树顶层侧枝或枯枝上，飞翔呈波状形前进。杂食性，主食昆虫，主要以叩头虫、甲虫、蝽象、蝼蛄等昆虫和昆虫幼虫为主，兼食果实、种子、嫩茎和花。

暗灰鹃鵙（夏候鸟，稀有种）

Lalage melaschistos 雀形目鹃鵙科

暗灰鹃鵙体长23厘米，属于中等体型的雀类。雄鸟青灰色，两翼亮黑，尾下覆羽白色，尾羽黑色，左右3枚外侧尾羽的羽尖白色，收拢后形成尾羽下白色斑块。雌鸟似雄鸟，但色浅，下体及耳羽具白色横斑，白色眼圈不完整。由于身披青灰色的羽毛，暗灰鹃鵙一般不显眼，堪称鸟类中的"灰姑娘"，而这种颜色，也让它能更好地保护自己。

暗灰鹃鵙喜欢待在高大的乔木上层活动，植物园东门口的广玉兰、池杉林、杨树林是它们主要的活动、放哨场所。主食蝗虫、铜绿金龟子、蝽象、蝉等昆虫，也吃蜘蛛、蜗牛和少量植物种子。

暗灰鹃䴗
Lalage melaschistos

虎纹伯劳

Lanius tigrinus

50 虎纹伯劳（夏候鸟，稀有种）

Lanius tigrinus 雀形目伯劳科

别看伯劳是雀形目的，看起来个头也不算大，但它们却是所有雀雀里最凶悍的一个类群。虎纹伯劳体长16~17厘米，是伯劳科中体型偏小的一种。虎纹伯劳具有伯劳科典型的喙——强壮、喙尖有锐利的钩，结构上非常接近隼形目和鸮形目猛禽的喙，这是它们肉搏的重要武器。除了尖利的喙外，虎纹伯劳的爪也很强壮锋利。头侧具有宽阔的黑色贯眼纹，看上去颇似戴了"黑眼罩"，其实拥有黑色"眼罩"是伯劳科的重要特征之一（伯劳科的绝大部分种类都具有这个特征）。

除了吃昆虫，如蝗虫、蟋蟀、甲虫、臭虫、蝴蝶和飞蛾等，还袭击小鸟（抓灰喜鹊、棕头鸦雀、白头鹎等所有小鸟的幼鸟吃）和鼠类。

虎纹伯劳在捕猎时一般静立于视野较好的枝头，发现猎物时迅速飞起扑击。和其它伯劳一样，虎纹伯劳也爱把一次吃不完的食物残体（比如半只小鸟、半只蜥蜴、半只青蛙、半只蚂蚱等）穿刺在枝头（有时会撂起来），作为食物储备。

作为夏候鸟，虎纹伯劳每年固定5月份来植物园。园区

棕背伯劳

内还有红尾伯劳和牛头伯劳,它们也都是战斗家族的一员,都是安徽省二级保护动物。

棕背伯劳

其实,植物园最常见的伯劳还是棕背伯劳,作为留鸟,常年都可以看见。棕背伯劳捕食时采用的是一种暴力摇晃的方法,简单来说就是拽着一只小鸟然后拼命地摇晃。别小看这种方法,在来回两下后,因惯性会产生一股扭断动物脖子的强大力量。研究表明这种瞬间的扭力可以达到6千克,如果放大到人类的身上,就像在高速上100码的两辆车瞬间撞在一起,里面的司机所承受的冲击力。这种力量放在那些小型老鼠、小型鸟类身上足以使那些细小的脊柱崩裂折断。据说伯劳一叫,其它的小鸟们就立马安静下来,怕成为伯劳们的口中美味。棕背伯劳还有模仿其它鸟类叫声的习性,不知道是不是为了骗其它的小鸟上当,然后再伺机偷袭。

51 黑枕黄鹂（夏候鸟，稀有种）

Oriolus chinensis　雀形目黄鹂科

"两个黄鹂鸣翠柳，一行白鹭上青天"，杜甫诗中的黄鹂指的就是中国最常见的一种黄鹂——黑枕黄鹂。黑枕黄鹂系安徽省一级保护鸟类，长约25厘米，属于中等体型的雀形目鸟类，也是野外最容易辨识的鸟类之一——大面积的鲜黄色加上少许黑色配色，即使与它还隔着相当一段距离，也一眼就能认出。它的头部还有一条宽阔的黑色贯眼纹，向后延伸至枕部（故名黑枕），跟伯劳的黑眼罩类似，粉色的喙也很粗壮。鸣声清脆婉转，还能模仿其它鸟的叫声。

黑枕黄鹂喜欢在高大阔叶树（如杨树）的树冠层中活动，筑巢也选择这些树冠的顶梢，一般不会在低处活动。每年5月中下旬开始，在植物园水库边更容易邂逅它们。食物以昆虫为主，也吃少量植物果实与种子，如桑葚、樱桃等。

黑枕黄鹂

Oriolus chinensis

黑卷尾

Dicrurus macrocercus

52 黑卷尾（夏候鸟，常见种）

Dicrurus macrocercus　雀形目卷尾科

黑卷尾通体黑色，黑色羽毛中泛着一点蓝绿色的金属光泽。虹膜暗红色，喙比较厚实，喙基部有须（类似胡须，卷尾科的鸟儿都有此特征）。较长的尾羽呈深叉形——尾羽从中央向两侧依次变长，最外侧尾羽向外弯曲且略向上翘（这也是卷尾科名字的由来，依据这个特征能将其与乌鸦分别开来）。

黑卷尾性喜结群、鸣闹、咬架，是好斗的鸟类，习性凶猛，领土意识强。繁殖期若有其它鸟类侵入黑卷尾的巢区，则会遭到黑卷尾悍勇无畏的持续暴力攻击，直至侵扰者最终离开。

黑卷尾鸣声嘈杂而粗砺，且此起彼伏，特别在黎明时分（有时甚至在凌晨1点就开叫）叫得最欢。农村的懒汉尤其不喜欢这种鸟（因它们为太勤劳、聒噪了），吵得他们睡不好觉。

发冠卷尾

灰卷尾、发冠卷尾

植物园除了黑卷尾，卷尾科还有灰卷尾和发冠卷尾，它们都是稀有种。发冠卷尾，头顶的几根丝状羽毛有时能看见，但多数时候不明显。发冠卷尾领地意识强，好争斗，与同样好争斗的灰卷尾相比，发冠卷尾则是常胜将军。作为土著，灰卷尾每年都会在植物园繁殖几窝小鸟。

卷尾科鸟类的食物以昆虫为主，如蜻蜓、蝗虫、胡蜂、金花虫、瓢虫、蝉、蝽象等。虽是保护林木的高手，但也是著名的强盗鸟，喜欢偷食其它鸟类的鸟蛋，甚至是小鸟。

灰卷尾

53 寿 带（夏候鸟，稀有种）

Terpsiphone incei　雀形目王鹟科

寿带鸟是能与传说中的凤凰比美的鸟，有着"鸟族一枝花"的美誉，又名绶带鸟、练鹊、长尾鹟等。它体态美丽，体型似麻雀大小，雄性有着非常长的两条中央尾羽，像绶带一样，是我们见到的尾巴最长的鸟（足有体长的4~5倍之多）。寿带在合肥主要有两种类型——栗色型（青、中年）和白色型（老年）。栗色型：上体及尾羽为栗色，胸灰色，头、颈、冠蓝黑色，具金属光泽，头顶冠羽鸣叫时可耸起。白色型：上体及尾羽会变成纯白色，其余与栗色型相同。

寿带几乎全以昆虫为食，包括蝇类、天蛾、蝗虫、螽斯、金龟子、金花虫和松毛虫等，对于森林是一种有益的保护。

经过鸟友们持续多年的观察，发现每年（连续8年）植物园都有一对寿带鸟在固定时间如约而至。终于，在2018年，发现这对鸟夫妇首次在植物园筑巢产卵。巢杯状，筑于树杈间，以树皮和禾本科草叶为巢材。可惜的是，在孵卵期间，不知是暴风雨还是灰喜鹊偷食鸟蛋，导致小鸟孵化并未成功，鸟夫妇也并未再次补巢产卵，而是弃巢了。我们也在惴惴不安地期待，来年那一对寿带夫妇还能再来，哪怕只是借宿于此。

白色型　　栗色型

寿　带

Terpsiphone incei

松 鸦

Garrulus glandarius

54 松　鸦（留鸟，稀有种）
Garrulus glandarius　雀形目鸦科

原谅我看到松鸦时不厚道的笑了，因为它嘴角的那一抹黑色实在是像极了买买提的"羊角胡子"，专注凝视的样子实在滑稽，也让人忍俊不禁。

松鸦是一种森林鸟类，喜欢在针叶林附近活动，董铺水库边的雪松林、池杉林是它们的最爱。春夏季吃虫子居多，秋冬季主要吃各种果实，有时也到林缘农田盗食玉米等农作物。对于吃不完的多余种子、果实等食物常常贮藏于地下，时间一长，它自己也忘了。不过，这对于种子的繁殖无疑也是一种利好。虽说记性差，会忘记自己的食物藏在哪里，不过跟其它的聪明机智的鸦科鸟类一样，松鸦也是狡猾的小贼。有研究表明，松鸦会先偷听其它鸟儿藏食物时发出的声音，然后再循声而去，将"别人"辛辛苦苦囤积的满当当的"宝库"扫荡一空。

55 灰喜鹊（留鸟，优势种）

Cyanopica cyanus　雀形目鸦科

灰喜鹊是安徽省省鸟，安徽省一级保护动物，中等体型（体长34厘米左右），和乌鸦、喜鹊等鸟是近亲。

灰喜鹊是植物园最常见的鸟类之一。如果问来植物园观鸟什么鸟一定能看到，什么鸟最好找，那一定非灰喜鹊莫属。一进植物园的东大门，"梅仙"附近的开阔草坪是它们最喜欢的活动场所之一，每天总有一群灰喜鹊"嘎、嘎"地在草坪上嬉戏觅食。园林植物示范区、秋景园等开阔地带，也是它们的常驻地。

灰喜鹊不像喜鹊那样孤僻，而是聚族而居，一个鸟群包含二三十只成员，一起活动，集中筑巢，两个巢最近的距离甚至只有两米多。筑巢时，邻里之间会互相帮衬，甚至还会互相帮助哺育幼鸟。与喜鹊耗时几年精心搭建的牢固大巢不同，灰喜鹊的巢，只是在树杈基部或树枝上的凹陷处垒一个略微下陷的平台，甚是简陋。灰喜鹊不会利用旧巢，每年重新做一个新巢，所以也做不出喜鹊、乌鸦那样的大工程。因此每逢大风暴雨，就会有不少雏鸟从巢中掉落地上，市民捡拾后求助，不时见诸报端。

作为鸦科战斗民族的一员，常常会主动驱赶其附近游荡的猛禽（如鹰、隼、鹭之类），悍勇无比。灰喜鹊为鸦科典型的杂食性，不仅吃植物果实，也吃昆虫、两爬，甚至连垃圾、动物尸体等也不放过。

灰喜鹊

Cyanopica cyanus

56 红嘴蓝鹊（留鸟，稀有种）
Urocissa erythrorhyncha　雀形目鸦科

　　红嘴蓝鹊体长52~66厘米，尾羽则占据了一大半，十分引人注目。红嘴蓝鹊色彩鲜艳，形态优美，因而时常成为中国国画中花鸟图的主角。

　　与灰喜鹊一样，红嘴蓝鹊也是杂食性的，以果实、小型鸟类、鸟蛋、蛇、蛙、昆虫等为食，也吃动物尸体。性情凶猛，领域性和护巢行为极强，常主动围攻其它鸟类，甚至是猛禽（鸦科的鸟类多如此凶猛）。有时还会因领地被入侵或者雏鸟被接近等原因袭击人类。

　　作为留鸟，在植物园常年都能看见红嘴蓝鹊。秋冬季，它们是植物园里偷君迁子（一种小柿子）的大盗。聪明的它们甚至知道选择未完全熟透的柿子，堂而皇之地叼着柿蒂不疾不徐地飞回隐蔽处慢慢享用，而不像其它的鸟儿，偷啄几口就吓跑了。如果你蹲守在秋景园的中国亭旁边，一准能拍到它们的身影。当然，春天去梅园，也很容易找到它们，因为被饿了一个冬天后，大部分的留鸟首先选择的还是去梅园填饱肚子。

红嘴蓝鹊
Urocissa erythrorhyncha

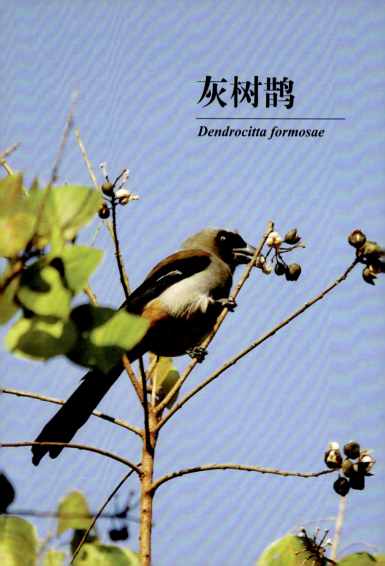

灰树鹊

Dendrocitta formosae

57 灰树鹊（留鸟，稀有种）

Dendrocitta formosae　雀形目鸦科

灰树鹊是中型鸟类，体长多为31~39厘米。头顶至后枕灰色，其余头部以及颏与喉黑色。乍看上去，与黑脸噪鹛很像，都像是戴了一副黑眼罩。再仔细观察它的嘴，鸦科典型的宽厚粗砺的嘴宣示着它与画眉科鸟类的细尖嘴截然不同。不仅如此，也少了鹛类的"小胡须"。

常成对或成小群活动。树栖性，多栖于高大乔木顶枝上。喜不停地在树枝间跳跃，或从一棵树飞到另一棵树。喜鸣叫，叫声尖厉而喧闹。主要以浆果、坚果等植物果实与种子为食，也吃昆虫等动物性食物。身为鸦科强盗鸟的一员，偷食雏鸟、鸟蛋也是它的拿手好戏，甚至会取食鸟类或其它小型动物的尸体。

喜 鹊
Pica serica

58 喜 鹊（留鸟，常见种）
Pica serica 雀形目鸦科

喜鹊是合肥市市鸟，体长 42~51 厘米，比灰喜鹊大，也是很有人缘的鸟，多在人类聚集地区活动，城市公园、小区内经常能见到它们的身影。

植物园东门口有几株大杨树，一到落叶季节，藏在树冠高层的喜鹊窝就显露出来。喜鹊的巢外表看起来粗糙简陋，其实内部暗藏玄机，巢分为内外两层：外层是由大量树枝组成的封闭式球状结构，出入口为侧面的一个洞口；内层才是真正的雏鸟所生活的地方，用柔软的草、苔藓等编织而成的碗状巢，和外面粗犷的风格截然不同。所以喜鹊的"房子"其实是有屋顶的，比大多数露天的鸟巢多一层防护，可以在一定程度上防止其它鸟类或蛇随便进出该"房子"掏蛋吃小鸟。喜鹊还喜欢翻新自己的旧巢，每年都会重新加固，经年累月直至它们的巢体看起来硕大无比。如果问植物园什么鸟的鸟窝最好找，最好认，那一定就数喜鹊窝了。因为喜鹊的巢过于"完美"，因而经常会遭到其它鸟类的觊觎，比如红隼就非常热衷于抢夺建好的喜鹊巢。当然，喜鹊的战斗力并不比这些猛禽弱，所以红隼往往并不能成功。

喜鹊的食物 80% 以上都是危害农作物的昆虫，比如蝗虫、蝼蛄、夜蛾幼虫或松毛虫等，15% 是谷类与植物的种子，也吃小鸟、蜗牛与瓜果类及杂草的种子。

不同于灰喜鹊的跳跃运动、很少走步，喜鹊在地上"走路"与乌鸦相似，为走步式，偶尔跳跃前行。

59 小嘴乌鸦（旅鸟，稀有种）

Corvus corone　雀形目鸦科

小嘴乌鸦体长45~53厘米，雌雄羽色相似，额头特别突出。通体黑色（"天下乌鸦一般黑"可不是浪得虚名的），具紫蓝色金属光泽，下体羽色较上体稍淡。

小嘴乌鸦是杂食性鸟类——这是比较高雅的说法。真相是，乌鸦什么都吃，而且尤其喜欢食腐，常在道路上吃被车辆压死的动物。当然，从垃圾堆里找吃的，是小嘴乌鸦们最喜欢的觅食方式之一。它们抢夺其它鸟类的食物，窃取它们的卵甚至捕食雏鸟。正因为乌鸦食腐，又披着一身黑色的羽毛，加之叫声粗哑，所以人们认为乌鸦是不祥之鸟。

其实，乌鸦是一种非常可爱、聪明的鸟，对爱情专一。雄鸟每年都会进行炫耀飞行来吸引雌鸟，而且搜集一些闪闪发亮的小东西送给雌鸟。加拿大蒙特利尔麦吉尔大学动物行为学专家曾对鸟类进行IQ测验，排出各种鸟类的智商高低。据研究，乌鸦是人类以外具有第一流智商的动物之一，其综合智力大致与家犬的智力水平相当。在日本，曾有研究表明，乌鸦喜欢吃核桃仁，但核桃壳坚硬无比，乌鸦无能为力。在日本一所大学附近的十字路口，经常有乌鸦在路边等待红灯。红灯亮时,乌鸦就立即飞到路中间的斑马线上,把核桃放到停在路上的车轮下。等交通指示灯变成绿灯,车子把核桃碾碎,汽车开走后,乌鸦们赶紧再次飞到地面上享受美餐,这样的行为实在令人惊讶!

小嘴乌鸦

Corvus corone

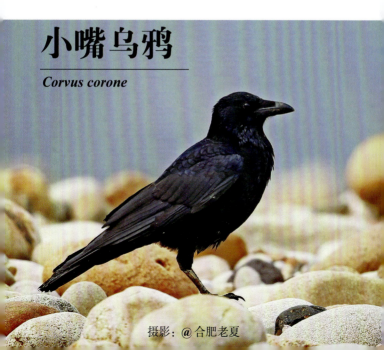

摄影:@合肥老夏

小太平鸟
Bombycilla japonica

摄影：@老顽童

60 小太平鸟（冬候鸟，稀有种）

Bombycilla japonica 雀形目太平鸟科

看到小太平鸟的第一反应是"这不就是一个梳着大背头、眼神犀利、踱步巡查的领导么"？中国境内仅有两种太平鸟过境——太平鸟和小太平鸟，而小太平鸟与太平鸟最容易区别的地方在于它那被火烧似的红尾巴尖（太平鸟的尾巴尖亮黄色），这下想认不准都难了。小太平鸟在合肥十分罕见，几年来，我们仅在植物园"落霞飞凫"处拍到过一次。

迁徙及越冬期间成小群在针叶林及高大的阔叶树上觅食，常与太平鸟混群活动。常数十只或数百只聚集成群。性情活跃，不停地在树上跳上飞下。除饮水外，很少下地。一般生活习性与太平鸟相似，以植物果实及种子为主食，如卫矛、鼠李等，兼食少量昆虫。

远东山雀

Parus minor

61 远东山雀（留鸟，常见种）

Parus minor　雀形目山雀科

远东山雀也被称为东方的山雀，是从大山雀的亚种分化出来的。远东山雀仅有上背部黄绿色，下体灰白色或浅黄色，比较缺少黄色色调。合肥俗称的"大山雀"多为此种。

远东山雀是典型的洞巢鸟，它们利用啄木鸟凿出来的树洞、天然树洞以及各种合适的墙洞、电线杆孔、石缝等来筑巢繁殖。实在找不到现成的洞，被逼无奈，它们也可以自己在树上凿洞。它们会在巢内铺上一层苔藓、羽毛和干草等组成的中间凹陷的衬垫用于产卵，每巢产卵8~14枚，偶尔还能生更多。远东山雀主要以金花虫、金龟子、毒蛾幼虫、蜂、松毛虫、蚕斯等昆虫为食。

它们也很喜欢人工巢箱。冬天食物少，如果在院子里挂上专门喂鸟的坚果脂肪球，或是腊肉什么的，很容易就能吸引到附近的它们来吃，不过，从自然生态角度来说，一般不建议投喂。

领雀嘴鹎（留鸟，常见种）

Spizixos semitorques 雀形目鹎科

领雀嘴鹎是中国特有种，在合肥较为常见。颏、喉黑色，其后围以半环状白环，延伸至颈的两侧到耳后，形成"白领"，故得此名，也是众多鹎类中比较好认的种。

常成群活动，尤喜在稀树草坪、灌木丛附近活动，木兰园、树木园附近比较容易找到它们的身影。食性较杂，以植物性食物为主，主要有胡颓子、樱桃、鸡矢藤、野蔷薇、禾本科种子、豆科种子及嫩叶、花等，也吃金龟子、步行虫等昆虫。

领雀嘴鹎

Spizixos semitorques

白头鹎

Pycnonotus sinensis

63 白头鹎（留鸟，优势种）

Pycnonotus sinensis 雀形目鹎科

白头鹎因成鸟枕部簇生的白色羽毛而得名，正是中国传统文化里喜闻乐见的象征白头偕老的文学和艺术形象——"白头翁"。白头鹎，自成年后便"白了头"，但每年重新找伴侣的它们当然也谈不上"白头偕老"了。

白头鹎的"白头"部分大小并不是固定的，以繁殖期最大，鸣叫时蓬开则会显得更大。雌鸟比雄鸟的"白头"范围稍小，且身上羽色相对暗淡一点，一对儿站在一起时才比较好区分雌雄。

白头鹎习性活泼，不甚怕人，在城市公园、小区、大学校园常常能见到它们的身影。因其在合肥太常见，被"鸟人"称为大菜鸟。在植物园，它们也是常见鸟，几乎散落在园区的各个角落。

白头鹎一年繁殖1~2窝，一窝2~6枚卵。筑巢是由雌鸟独立完成的，雄鸟则全程跟着，在旁边警卫。孵卵也是雌鸟独立完成，雄鸟在附近守卫（其实真要是来了灰喜鹊偷吃鸟蛋，雄鸟就跑了）。

白头鹎是杂食性的，吃昆虫，也吃果实、种子等。这样杂食的鸟类一般来说都会给新生的雏鸟喂以蛋白质含量高的幼虫，这样雏鸟才长得快，白头鹎也不例外。雏鸟孵出后由双亲共同捉虫来哺育。

栗背短脚鹎

Hemixos castanonotus

64 栗背短脚鹎（留鸟，稀有种）

Hemixos castanonotus　雀形目鹎科

栗背短脚鹎是中国特有种，体长19~23厘米。上体栗褐色，头顶和羽冠黑色。背栗色、尾巴平截是它最典型的识别特征。常成对或成小群活动于乔木树冠或林下灌丛。

栗背短脚鹎主要以植物性食物为主，也吃昆虫等动物性食物，属杂食性。作为留鸟，被饿了一冬天后，与绿翅短脚鹎一样，它们都喜欢吃早春的梅花。早春，你来植物园梅园，稍加留意，一定能寻到它们的身影。

黑短脚鹎（留鸟，稀有种）

Hypsipetes leucocephalus 　雀形目鹎科

作为白头鹎的近亲，黑短脚鹎其实更有资格被称作"白头翁"，因为它的头和颈部的羽毛都是雪白的，比我们熟悉的白头翁（白头鹎）还要白，是名副其实的"白头翁"。当然，黑短脚鹎也有很多自己专有的俗称，如白山头、红嘴白头黑鹎、红嘴黑鹎等。除了头部白色，黑短脚鹎胸部以下都是黑色，配上尖尖的红色鸟嘴和爪子，黑、红、白三色简单的配色，一定会过目不忘。

黑短脚鹎常单独或成小群活动，有时亦集成大群，特别是冬季，集群有时达100只以上，偶尔也见和黄臀鹎混群。性活泼，善鸣叫，常在树冠上不停地来回飞翔，有时也在树枝间跳来跳去，或站于枝头，很少到地上活动，想看清它们的清秀模样最好还是借助望远镜。

黑短脚鹎杂食性，主要以蜂、天牛、象甲、甲虫、蝗虫、蚂蚁、蜻象等昆虫和昆虫幼虫为食，也吃乌桕种子。

黑短脚鹎

Hypsipetes leucocephalus

家　燕

Hirundo rustica

摄影：@合肥阿根

66 家　燕（夏候鸟，常见种）

Hirundo rustica　雀形目燕科

家燕是安徽省一级保护鸟类。"小燕子，穿花衣，年年春天来这里"，从这首耳熟能详的儿歌中可以发现燕子的两个特点，一是候鸟，每年春天都能见到；二是燕子身体色彩丰富。只是，在背光仰视的角度，如果不借助望远镜或是相机，我们看到的更多是"白腹黑背"的小燕子，与歌词描述的花衣服相差甚远。其实，歌词唱的没错，家燕的色彩还是蛮丰富的。家燕的前额和下颌栗红色，躯干也不是单纯的黑色，而是墨蓝色；胸前一圈蓝色胸带；整体在阳光下有金属光泽。当然，最典型的还是，家燕外侧延伸的尾羽形成的尾部分叉，飞行时像剪刀般在空中划过，十分有辨识度。

家燕主食昆虫。特别喜欢把巢筑在农家屋檐下或者多层建筑的檐状结构以及顶棚下等可以遮风挡雨的地方。家燕主要衔流水边或水坑边的泥来筑碗状巢，混杂以枯草，整体比较简陋，民间称之为"拙燕"（相较于"巧燕"——金腰燕的精致巢穴而言）。据观察，家燕也会翻修自己的旧巢，或是在旧巢旁边紧挨着建新巢，只是，旧巢利用率略低，不似金腰燕连年利用。

金腰燕

Cecropis daurica

67 金腰燕（夏候鸟，常见种）
Cecropis daurica　雀形目燕科

金腰燕与家燕二者体型、大小相似，虽然同样有叉形尾羽，不过凭借金腰燕橙黄色的腰及胸、腹部的纵纹还是很容易将二者区分开来的。

金腰燕的巢由细密的泥球混以少量草茎黏合而成，整体规模大于家燕的巢，巢似侧置的壶状或花瓶状，于侧面开洞口，另一侧粘于墙面，顶部粘于顶棚，且外形比较整洁、精致。金腰燕通常会使用前一年的旧巢繁殖，且每年会对旧巢进行翻修。

68 银喉长尾山雀（留鸟，常见种）

Aegithalos glaucogularis　雀形目长尾山雀科

圆头小嘴儿长尾巴，尽管银喉长尾山雀的体长有14厘米（跟麻雀差不多），但由于它的尾羽占了体长的一大半（9厘米），因此整体要比麻雀小巧得多。活泼好动的它们多数时候都是在树顶的高处飞来飞去或者蹦来蹦去，边飞边叫，很少能安分地在枝条上逗留一会儿让你瞧个清楚。好在它们生性好奇，有时会主动凑过来看看你，把握好时机，总还是能在一群里找到那么一两只看仔细些。

银喉长尾山雀主要吃昆虫，兼食植物果实和种子（如乌桕）。喜欢在树枝间跳跃鸣唱，树木园、休闲岛附近都是它们最爱的活动场所，循着声音，就不难发现它们的身影。夏天的时候爱与寿带鸟混群，相互掩护。

银喉长尾山雀

Aegithalos glaucogularis

红头长尾山雀

Aegithalos concinnus

69 红头长尾山雀(留鸟,稀有种)
Aegithalos concinnus 雀形目长尾山雀科

体型小巧,10~11厘米长。额、头顶、后颈均为红棕色,背蓝灰色,头和颈的两侧及喉中部具黑色斑块。看到它的萌照不禁让人联想起早些年流行的游戏——愤怒的小鸟,可不就是那只被偷走鸟蛋而奋起攻击的鸟妈妈嘛!其实这款游戏的设计原型是北美红雀,只是北美红雀在咱们中国都没分布,最相近的也就是红头长尾山雀了。

红头长尾山雀性活泼,常从一棵树突然飞至另一棵树,不停地在枝叶间跳跃或来回飞翔觅食。边取食边不停地鸣叫,有时也同棕头鸦雀混群。

黄眉柳莺

Phylloscopus inornatus

70 黄眉柳莺（旅鸟，常见种）

Phylloscopus inornatus　雀形目柳莺科

黄眉柳莺体长10~11厘米，属于柳莺中的中型鸟。一般没有顶冠纹，眉纹淡黄色到白色，其实还没有黄腰柳莺的眉纹鲜亮（别被它的名字给迷惑了），三级飞羽端部具白斑，腰绿色。是迁徙季节最常见的柳莺，路边的树上到处都能听见它的叫声（就是照不到它本尊）。

柳莺是公认的观鸟坑里最难认的鸟儿了。不仅种类繁多（中国有近30种），这一大堆鸟长得差不多就算了，还特别小，即使是国内体型最大的柳莺（巨嘴柳莺），也比麻雀小一大圈。柳莺性活泼，喜欢在树冠中跳跃活动，你往往只能看到个肚子。关键很多的柳莺肚子长得都差不多，重点的区别特征如眉纹、顶冠纹、嘴、翼斑等都不容易看清。主要是因为它们太活泼好动了，还喜欢在枝叶间跳来跳去，几乎从不停歇，还没等你拿着望远镜或相机定位它，它就飞走啦。往往为了拍一张清晰的照片，需要蹲点两个小时甚至是更长，非常考验观鸟人的耐性。有经验的鸟友，可以通过鸟鸣声识别它们，但对于大多数人来说，还是太难了，于是直接放弃了。

71 东方大苇莺(夏候鸟,稀有种)

Acrocephalus orientalis　雀形目苇莺科

看到东方大苇莺,本能的,是心疼它的。虽然不是每一窝东方大苇莺都会被大杜鹃之类的鸟寄生,但是,看到这么弱小的身体在努力地捕食,喂养杀死自己宝宝的"凶手",难免心情复杂。一方面,心疼东方大苇莺怎么那么傻,这么明显不是自己的孩子都看不出来;另一方面又为杜鹃们的"厚颜无耻"感到义愤填膺。可是,在鸟类的世界里,本没有那么多复杂的道德约束,不过是我们人类按照自己的喜好给杜鹃定位了一个"偷盗者"的称号,就像很多鸟类年年都换新伴侣,甚至一个繁殖季里产一窝蛋换一个伴侣比比皆是,这在人类的世界里也是不被接受和允许的一样。

虽然,灰喜鹊、黑卷尾之类的鸟也会被大杜鹃之类寄生,可相比起这些鸦科的强盗鸟(甚至会觉得被寄生了是"活该",因为它们也会偷别人的鸟蛋吃,算是遭到报应了,可是,东方大苇莺不会,本能会让我们对它们产生怜悯之心),我更心疼东方大苇莺,因为,它太小了,太弱小,弱小得让人想把大杜鹃赶走,告诉东方大苇莺真相,可这对自然世界来说,又是我们多此一举了。观鸟,我们安静地做一个看客就好,或许,不打扰才是最好的保护,自然界自有它的平衡法则。

东方大苇莺

Acrocephalus orientalis

红头穗鹛

Cyanoderma ruficeps

72 红头穗鹛（留鸟，稀有种）

Cyanoderma ruficeps 雀形目鹛科

说它的头是红色的，还真是不能让人信服，原以为它的"头发"是红彤彤的，结果只是一个棕红色，不过这坨红色也足以和身体上的其它颜色区别开来了。红头穗鹛是中国穗鹛属鸟类中分布最广和最为常见的种，常单独或成对活动，有时也与其它鸟类混群活动，喜在林下或林缘灌丛枝叶间飞来飞去。虽在中国属常见种，但在合肥并不常见，往往是运气极佳才能在植物园拍到它，极为罕见。

红头穗鹛主要以昆虫为食，偶尔也吃少量植物果实与种子。

画 眉

Garrulax canorus

73 画　眉（留鸟，常见种）
Garrulax canorus　雀形目噪鹛科

　　画眉属于雀形目噪鹛科，该科有 120 种以上的鹛类，画眉是它们中最广为人知的一种。画眉全身黄褐色，有明显的白色眼圈，且白色部分自眼部向后延伸成眉纹状，因而得名"画眉"，颇似小丑的白眼圈。其实画眉科的鸟类一般都叫 ** 鹛，只有画眉是约定俗成的名字因此没有更改，大抵是因为人们一看到它的白眉毛就明白它为啥要起这个名字了，实在太传神了。

　　野生的画眉你也许没见过，但它的鸣声你应该听过，因其鸣声婉转悦耳且曲调多变（学名种加词 *canorus* 就是声音优美的、悦耳的意思），画眉成为了花鸟市场最常见的笼养鸟之一，公园里，那些遛鸟的大爷提的大多是这个种。

　　画眉通常在林下的落叶堆里翻找昆虫和果实吃，一般是一对或是几只一起活动，事实上多数鹛类都喜欢在地面活动。

74 黑脸噪鹛（留鸟，常见种）

Garrulax perspicillatus 雀形目噪鹛科

体型略大（30厘米）的灰褐色噪鹛，额及眼罩黑色，好似戴了一个黑色面罩，极为醒目。如此典型的特征，看过一遍定能过目不忘。"噪"则体现了它们的喧闹特性，性喜结群活动，活动时常喋喋不休地鸣叫，显得甚为嘈杂，所以俗称为嘈杂鸫、噪林鹛或七姊妹等。

黑脸噪鹛喜在荆棘丛或灌丛下层跳跃穿梭，或在灌丛间飞来飞去，飞行姿态笨拙，不喜长距离飞行。其实，仔细观察噪鹛属还有一个特征，就是它们嘴下的"胡须"，有别于其它鸟类。记住它的黑面罩和小胡须，想不认识都难了。常与灰喜鹊、黑卷尾等混群，在高大的枫杨枝头喧闹鸣叫，甚至一言不合，大打出手。

杂食性，但主要以昆虫为主，也吃植物。夏季主要以昆虫等动物性食物为食，冬季多取食植物性食物。

黑脸噪鹛

Garrulax perspicillatus

红嘴相思鸟

Leiothrix lutea

75 红嘴相思鸟（留鸟，稀有种）

Leiothrix lutea　雀形目画眉科

红嘴相思鸟体长 13~16 厘米，是颜色艳丽多彩、过目难忘的小型鹛类，属雀形目画眉科，安徽省一级保护动物。两性羽色相近，嘴红色是它的典型特征。

红嘴相思鸟性活泼而喧闹，不甚怕人，喜集小群活动，主食昆虫。因其悦耳的鸣声和亮丽的羽色而成为中国最著名的笼养观赏鸟，是鹛类中除了画眉以外最常见的笼养鸟。不过现在市场上很多笼养鸟都是直接从野外抓捕而来，现今国家并未批准鸟类的饲养、贩卖，因而不建议大家购买饲养，因为"没有买卖，就没有杀害"。一只笼养鸟的驯养成功，其后不乏数十只鸟的驯养失败作铺垫。大自然中的鸟类都有野性，鸟类被捕捉过程中难免会因暴力捕捉而受伤致残。受伤后，鸟类的存活竞争力降低，失去观赏性，会被捕捉人放弃。即使重新回到大自然中，也很难存活。有的成鸟被捕捉后甚至会拒绝进食而亡。偷鸟者甚至会从鸟窝中偷小鸟回来喂养，因小鸟受到惊吓，或是喂养方式不当、疾病等原因，导致死亡率非常高。

植物园的红嘴相思鸟喜欢在水库边的密林中活动，虽是留鸟，却并不常见，不过好在可以通过鸣声来定位它，只要耐心守候，还是会有惊喜收获。

棕头鸦雀

Sinosuthora webbiana

76 棕头鸦雀（留鸟，常见种）

Sinosuthora webbiana　　雀形目莺鹛科

  体型纤小，体长10~13厘米，尾羽占一半。两性羽色相近，头顶至上背棕红色，上体余部橄榄褐色，翅红棕色，尾暗褐色。喉、胸粉红色，下体余部淡黄褐色。有趣的是，棕头鸦雀的嘴实在是太短了，白色的嘴尖不注意看还以为是断了，而且，随着年龄的增长，鸟嘴磨损得厉害，越到老年，嘴越短，所以有经验的"鸟人"通过它的喙就能判断鸟的年龄有多大。

  常成对或成小群活动，秋冬季节有时也集成20或30多只乃至更大的群。性活泼大胆，不甚怕人。喜欢在灌木丛、芦苇丛中活动，或从一棵树飞向另一棵树，一般都短距离低空飞翔，不做长距离飞行。吃虫，也吃种子。植物园西大塘附近的芦苇丛是它们喜爱的活动场所之一。

77 暗绿绣眼鸟（夏候鸟，稀有种）

Zosterops japonicus 雀形目绣眼鸟科

暗绿绣眼鸟很好分辨，上体绿色，下体白色，颏、喉和尾下覆羽淡黄色。眼先黑色，眼周缀以白色羽圈（白眼圈与画眉类似，但是没有画眉眼角的白色延长线）。

常单独、成对或成小群活动，迁徙季节和冬季喜欢成群，有时集群多达50~60只。常在灌丛的枝叶、花丛间穿梭跳跃，或从一棵树飞到另一棵树，有时围绕着枝叶团团转或通过两翅的急速振动而悬浮于花上。每年梅花盛开季，最易寻找它们。爱吃梅花瓣，不甚怕人，人接近时，往往飞到另一株上继续觅食。主食昆虫，兼食植物果实、种子和花蜜等。

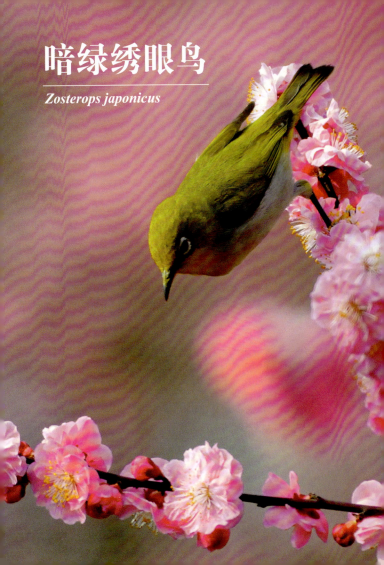

暗绿绣眼鸟

Zosterops japonicus

戴菊（雌鸟）
Regulus regulus

摄影：@嘉陵江

78 戴 菊（旅鸟，稀有种）
Regulus regulus　雀形目戴菊科

　　戴菊体型小巧，仅9~10厘米长。乍一看，这不就是一只普通的小雀雀嘛，没啥神奇的。可仔细一看，发现它头戴一朵橙黄色的"小菊花"，太可爱了，戴菊可以称得上是名字起得最传神的鸟了。要是你对鸟类有所了解的话，你就知道它有多罕见了。据说，在十年前，就有人在植物园看到过它，但是一直没有机会拍到它。作为旅鸟，每年它在植物园停歇的时间实在太短，即使是你蹲点守候也不一定能一睹其芳容。这么多年，我们也仅仅拍到过一次（可以称得上是植物园最难拍到的鸟），而且拍到的只是雌鸟，据说雄鸟头顶的"菊花"更鲜亮、绚丽，很多来植物园"打鸟"的"鸟人"都非常期待能亲自拍一张属于自己的戴菊。如果你到植物园没看到，也没啥遗憾的了，反正大家都一样。

八 哥

Acridotheres cristatellus

79 八 哥(留鸟，常见种)

Acridotheres cristatellus 雀形目椋鸟科

　　八哥通体乌黑色，矛状额羽延长成簇状耸立于嘴基，形成显著的冠羽（额羽）。嘴、腿及脚黄色。两翅与背同色，初级覆羽先端和初级飞羽基部白色，形成宽阔的白色大型翼斑，从下方仰视飞行过程中的八哥，其两翅的两块白色翼斑呈"八"字形，八哥由此而得名。

　　八哥性喜结群，植物园到处都是，喜欢在草地上活动，杂食性，以昆虫为食，也吃重阳木的种子。晚上常与椋鸟混群共栖。喜水浴，多在水浴时鸣唱。巢常筑在墙壁缝、屋檐下和树洞内，或利用喜鹊等鸟的旧巢加以修补。八哥善鸣叫，能模仿其它鸟类叫声，因为这个特点，常被人捕捉后经笼养训练来"说话"。

80 黑领椋鸟（留鸟，稀有种）

Gracupica nigricollis　雀形目椋鸟科

黑领椋鸟头白色，颈黑色与下喉和上胸的黑色相连，形成一宽阔的黑色领环（记住它的"黑围脖"一般就不会认错了），领环后还有一窄的白环。两性羽色相近，眼周裸露皮肤黄色。

常成对或成小群活动，有时也见和八哥混群。喜欢在池塘边的空地上活动觅食。主要以甲虫、蝼蛄、蝗虫等昆虫为食，也吃蚯蚓、蜘蛛等其它无脊椎动物和植物果实与种子等。

植物园最常见的椋鸟还是丝光椋鸟和灰椋鸟，它们是常见的优势种，都爱吃乌桕的种子。不同于黑领椋鸟的小黑嘴，它们的嘴都是橙红色，尖端黑色，似偷吃了脏东西，嘴还没擦干净。不同于黑领椋鸟会自己筑巢，丝光椋鸟和灰椋鸟虽是洞巢鸟，但是它们自己又不会凿洞，因此一般是利用天然树洞或是啄木鸟的旧巢，偶尔也能看到它们和

黑领椋鸟

Gracupica nigricollis

丝光椋鸟

啄木鸟打架争夺当年啄木鸟新凿的巢位。实在找不到的话，它们也会在建筑上寻找缝隙或者墙洞来筑巢。

椋鸟科的鸟很喜欢出现在各种放养动物的周围，比如牛、猪等，它们喜欢吃因牛走动而惊飞的隐匿在草丛中的各种小虫子。当然，作为回报，椋鸟会帮助牛清除它们身上的虱子之类的寄生虫，互利共赢，这一点，与牛背鹭非常相似。

灰椋鸟

81 虎斑地鸫（留鸟，稀有种）

Zoothera dauma　雀形目鸫科

虎斑地鸫是鸫类中最大的一种，体长可达 26~30 厘米，翅长超过 15 厘米。两性羽色相近，上体金橄榄褐色满布黑色鳞片状斑，看上去就是一只披着鱼鳞的"大鸟"，跟老虎的斑纹比起来还是相去甚远，取个"虎斑地鸫"，实在是勉为其难。

虎斑地鸫
Zoothera dauma

橙头地鸫

虎斑地鸫性胆怯，见人即飞。地栖性，常栖居密林，奔走迅速，善于跳行，飞行时紧贴地面。主要以昆虫和无脊椎动物为食，也吃少量果实、种子和嫩叶等植物性食物。喜欢在水库边行人罕至的高大密林间活动，多在地上落叶中觅食。植物园还有一种个头稍小的地鸫——橙头地鸫，光听它的名字就可以判别它的典型特征，与虎斑地鸫不仅生活习性相似，连活动场所也一样，喜好呆在密林里深居简出，不仔细观察，一般很难发现它们的身影。

82 乌灰鸫（夏候鸟，稀有种）

Turdus cardis 雀形目鸫科

  乌灰鸫是体形较小（21厘米）的鸫。雄鸟上体纯黑灰，头及上胸黑色，下体余部白色，腹部及两胁具黑色点斑。

  胆小、易受惊。一般独处，但迁徙时结小群。乌灰鸫在安徽主要分布于长江流域中下游及以南地区，越冬于南方，各地均不常见，在合肥地区一般记录为夏候鸟。但在2015年12月28日，夏家振老师在植物园水库边拍到雌鸟和幼鸟，说明有些乌灰鸫群体已经开始适应合肥的天气，在合肥越冬，成为留鸟小群体。

乌灰鸫

Turdus cardis

乌 鸫

Turdus mandarinus

83 乌鸫（留鸟，优势种）
Turdus mandarinus　雀形目鸫科

"看，那是一只乌鸦"，初学识鸟时，往往会因为看到一个熟悉的鸟而兴奋不已。尽管"鸫"看起来很像"鸦"，且作为一种黑乎乎的不算太小的鸟，乍看起来还真像是一只"乌鸦宝宝"，不过，仔细看它那亮黄的细长嘴，跟乌鸦宽厚的粗黑嘴比起来还是要秀气多了。回想一下，我们是不是小时候经常看到它，而且坚定地认为它就是一只"乌鸦"，肯定不会错，因为它实在太常见了，而且"太好认了"。其实，比起乌鸫，乌鸦要难找多了，我们大多时候见到的黑黑的"乌鸦"都是乌鸫。

虽然长相不出众，但乌鸫的鸣声却非常悦耳，号称歌唱大师。行走在林间，我们往往好奇是什么鸟的鸣声如此动听婉转，并想象它应该是一只多么稀罕优雅的小鸟。结果等到我们见到真身时，往往大吃一惊，哦，原来其貌不扬的它们竟有如此的"大能量"。乌鸫除了有自己独特的鸣声，还善于模仿其它鸟的叫声，甚至环境里所听到的其它声音（如汽笛声，口哨声），也因此得名"百舌鸟"。

乌鸫主要以昆虫为食，兼食植物果实、种子等。艺梅馆南门口的草坪，每天去食堂，几乎都能看到一只乌鸫在门口草坪活动觅食。竹林的小道间，也时常能听到它们的鸣啭。

宝兴歌鸫

Otocichla mupinensis

84 宝兴歌鸫（旅鸟，稀有种）

Otocichla mupinensis　雀形目鸫科

宝兴歌鸫是中国特有种，体长20~24厘米，为中型鸟类。上体橄榄褐色，眉纹棕白色，耳羽淡皮黄色具黑色端斑，在耳区形成显著的黑色块斑。下体白色，密布圆形黑色斑点。

宝兴歌鸫常单独或成对活动，多在林下灌丛中或地上寻食。主要以昆虫为食，如金龟子、蜷象、蝗虫等昆虫及昆虫幼虫，也吃果实。喜欢在植物园水库边的密林中活动。虽是旅鸟，在植物园停歇的时间不长，但它们往往会卡好时间点，趁园内的柿子成熟时节赶过来，所以，经常会被拍到偷吃柿子的身影。即使我们曾在园区的柿树四周围上围网，试图保留几个柿子在下雪天观赏，但最终，不知它们用什么办法，硬在围网上"挤"了几个洞，将树上的柿子洗劫一空。

85 鹊鸲（留鸟，常见种）

Copsychus saularis 雀形目鹟科

顾名思义，它是一种长得像喜鹊的鸲。提到喜鹊，最直观的印象就是它黑白分明的配色。鹊鸲雄鸟的羽色和喜鹊十分相似，都是头、胸、背部黑色（其实是有着金属光泽的黑色），腹部白色，两翼具有白色翼斑。这使得鹊鸲乍一看就是一只小喜鹊，其实喜鹊的体型比喜鹊小得多（喜鹊体长多40厘米以上），仅有其一半大；其次，鹊鸲的喙是较细的，而喜鹊则有着粗壮的典型鸦科的喙。

鹊鸲俗称信鸟、进鸟、四喜等，还有些俗称却颇为不雅，比如屎坑鸟、猪屎渣，这也反映出了鹊鸲的一个特别的习性。鹊鸲是食虫鸟类，除了会在新翻土的耕地上面寻觅被翻出来的昆虫，也会在粪坑、厕所、猪圈、垃圾堆的附近活动，捡食其中滋生的苍蝇和蝇蛆，这就是那些俗名的由来。植物园东大门口的水沟是它们最喜爱的场所，水浅，腐殖质多，蚊虫多，食物来源丰富。当然，除了虫，鹊鸲也会捕食一些小型脊椎动物如蛙类、壁虎甚至是鱼。

鹊鸲性情活泼，善于鸣叫，鸣叫时尾羽常向上翘起。每到繁殖季节，雄鸟就会居于高处放声鸣叫。但叫声不一定会引来雌鸟，也有可能招来竞争对手。这时两只雄鸟就会为争夺配偶而打得不可开交，好斗的本质表露无疑，有时缠斗甚至会持续数小时之久。好在战斗力孱弱，很少有伤筋动骨的情况发生。

鹊 鸲

Copsychus saularis

红胁蓝尾鸲

Tarsiger cyanurus

86 红胁蓝尾鸲（冬候鸟，稀有种）

Tarsiger cyanurus　雀形目鹟科

　　红胁蓝尾鸲体长仅 13~15 厘米，喉白色，橘黄色的两胁与白色腹部及臀形成对比，是一种颜色丰富、活泼机灵的"小鸟"。

　　喜欢单独、成对或小群活动，喜水浴。性甚隐匿，主要为地栖性，一般多在林下灌丛间活动觅食。与鹟科的其它鸟类相似，停歇时，常上下摆尾。迁徙期间除吃昆虫外，也吃少量植物果实与种子等植物性食物。

白眉姬鹟

Ficedula zanthopygia

87 白眉姬鹟（夏候鸟，稀有种）

Ficedula zanthopygia　雀形目鹟科

白眉姬鹟是小型鸟类，体长11~14厘米。雄鸟上体大部黑色，眉纹白色，在黑色的头上显得极为醒目，让人不禁联想到玉树临风的"白眉大侠"。腰及下体鲜黄色，特显眼，也为它赢得了"小蛋黄"的别称。

每年5月来植物园，8月底飞走，喜欢在林水结合部活动。性胆怯机警，遇危险即迅速藏匿。常单独或成对活动，多在树冠下层低枝处活动和觅食，也常飞到空中捕食飞行性昆虫，捉到昆虫后又落于较高的枝头上。白眉姬鹟很喜欢翘尾巴，停在枝头歇息时，喜欢一边鸣叫，一边翘尾巴，这点与白鹡鸰类似。主食昆虫，也食少量种子和果实。

88 北红尾鸲（冬候鸟，稀有种）

Phoenicurus auroreus 雀形目鹟科

北红尾鸲属小型鸟类，体长13~15厘米。雄鸟羽色艳丽，头顶的白色一直延伸到后颈，头颈剩余部分和背部黑色，翅膀上白斑明显，腹部是鲜艳的砖红色，并且一直连到尾羽。雌鸟颜色则相对单调，除了翅膀上的白斑，通体黄褐色，但尾羽和雄鸟一致，也是砖红色，这也是它被叫"红尾鸲"的原因。而"北"则贴切地描述了它的繁殖地在北方，因而在合肥才是冬候鸟。

常单独或成对活动。行动敏捷，频繁地在地上和灌丛间跳来跳去啄食虫子，偶尔也在空中飞翔捕食。有时还长时间地站在小树枝头上观望，发现地面或空中有昆虫活动时，才立刻疾速飞去捕之，然后又返回原处。偶尔，也来点果实换换口味。性胆怯，见人即藏匿于丛林内。停歇时常不断地点头并上下摆动尾部。早春喜欢在梅园附近活动，吃梅花，也伺机捕食传粉的小昆虫。

北红尾鸲

Phoenicurus auroreus

红尾水鸲

Phoenicurus fuliginosus

89 红尾水鸲（留鸟，常见种）
Phoenicurus fuliginosus 雀形目鹟科

从名字不难看出红尾水鸲的两个特点：一是尾红色，二是喜欢在水边活动。当然，雄鸟除了尾巴红色，通体暗蓝灰色、两翅黑褐色，与雌鸟全身灰褐色、尾巴基部白色、端部黑褐色形成鲜明对比。

红尾水鸲常单独或成对活动。喜欢在浅水边活动，多站立在水边或水中石头上观察，停立时尾常不断地上下摆动。当发现水面或地上有虫子时，则急速飞去捕猎，取食后又飞回原处。有时也在地上快速奔跑啄食昆虫。当有人干扰时，则紧贴水面飞行。主要以昆虫为食，也吃少量植物果实和种子，如悬钩子、胡颓子、禾本科小草的种子。

对植物园的小型水域尤为喜欢，东门口的水景园、三叠泉景区都是它们流连的场所。虽是留鸟，但在植物园却并不常见，我们只在东门口的荷花塘中拍到过它们的身影。

90 麻 雀（留鸟，优势种）

Passer montanus 雀形目雀科

说起麻雀，名字大家可能很熟悉。但在观鸟之前，真的没有仔细研究过它长啥样，印象中就觉得是麻灰一团，个头不大。麻雀是雀科麻雀属的小鸟，体长13~15厘米。额、头顶至后颈栗褐色，头侧白色，耳部有一黑斑，在白色的头侧极为醒目，是辨识它们的主要特征。

麻雀为杂食性鸟类，夏秋季主要以禾本科植物种子为食。繁殖力极强，在南方，几乎整年都可见其繁殖雏鸟。育雏时主要以危害禾本科植物的昆虫为食，其中多为鳞翅目害虫。麻雀会将捡来的烟头编入自己的编织巢中，这也可以借助其除掉巢中的寄生虫，如螨虫、蜱虫。因繁殖力强，麻雀在我国数量很多，当谷物成熟时，它们结成大群飞向农田掠食谷物，在庄稼收获的季节，很容易形成雀害。因此在20世纪50年代末60年代初，中国曾将麻雀和苍蝇、蚊子、老鼠一起作为"四害"，号召在全国范围内掀起一场除"四害"运动，加以消灭。好在后来经过研究，做出了较为公正的评价：麻雀在秋季谷物收获期间，成群飞到农田啄食谷物，确实给农业收成带来很大影响；但麻雀的危害有着明显的地区性和季节性，在夏季，它也吃昆虫，特别是雏鸟，几乎全以昆虫为食，也有有益的一面。因此，从生态平衡角度考虑，适当的控制麻雀的种群数量即可。为此，从1960年以后，将麻雀从"四害"中删除。任何一种生物在自然界中都有其合适的生态位，不能单从人类生活的角度来片面考虑问题，因为在自然界中，人不应比动物高级、优越，仅是大自然中的一个物种而已，数量还没蚂蚁、蚊子多。

麻　雀
Passer montanus

91 白腰文鸟（留鸟，稀有种）
Lonchura striata 雀形目梅花雀科

白腰文鸟比麻雀略小，体长仅 10~12 厘米。雌雄相似，喙较粗厚。腰腹部白色是识别特征之一，身上其它部位颜色深浅不一，整体大致为棕褐色。

白腰文鸟性情活泼，喜欢集群，它们的领域观念不强（相对鸦科鸟类领域观念极强而言），繁殖时甚至还会在相邻的地方营巢。巢是草编的，一般筑在树上、灌木或草本植物上。白腰文鸟是植食性鸟类，从它粗厚的喙就可猜出一二。不过，据我们观察，白腰文鸟也吃虫，尤其是夏天繁殖季，尤其喜欢在荷花上找虫吃；秋冬季则喜欢在芦苇、五节芒等禾本科的大穗子上吃种子。成鸟在营巢后会夜宿于巢内，属于为数不多的拿窝当家用的鸟（大多数鸟类即使筑巢也仍旧会睡在外面，并不会留宿巢中，巢仅用于繁殖后代）。

白腰文鸟

Lonchura striata

灰鹡鸰

Motacilla cinerea

92 灰鹡鸰（旅鸟，稀有种）
Motacilla cinerea 雀形目鹡鸰科

灰鹡鸰体长约19厘米，两性羽色相近。与黄鹡鸰的区别在于上背灰色，有清晰的白色眉纹，飞行时白色翼斑和黄色的腰显现，且尾较长。与白鹡鸰相似，尾巴细长，常做有规律的上、下摆动；腿细长，后趾具长爪，适于在地面行走。

灰鹡鸰喜欢在水边行走或跑步捕食，有时也在空中捕食。主要以昆虫、蜘蛛等小型无脊椎动物为食。每年多在3月末4月初迁来合肥，不似白鹡鸰常见，我们只在园林植物示范区短暂见过它。卡好时间点，说不定下次，你也能在附近邂逅它们。

93 白鹡鸰（留鸟，常见鸟）

Motacilla alba　雀形目鹡鸰科

在鲁迅先生的《从百草园到三味书屋》里，曾经写到过一种鸟："白颊的'张飞鸟'，性子很躁，养不过夜的"，其实这个张飞鸟指的就是白鹡鸰。因为白鹡鸰的羽毛颜色黑白相间，像古代戏曲里给张飞画的脸谱，所以才有了这么霸气的俗称。

鹡鸰的英文名 Wagtail（摇尾巴）很直观地阐释了这个科最令人印象深刻的特征（其实鹡鸰属 *Motacilla* 也是这个意思），无论它落在什么地方、正在干什么，鹡鸰们的尾羽无时无刻不在上下摆动，一旦你留意到了它们，就绝不会忽视这样特殊的行为。确切地说，整个鹡鸰科的鸟儿都有爱摇尾巴的特性，只要记住这个特性，就一下能认识一个科的鸟类，很了不起了。

白鹡鸰平时更喜欢在地面活动，较少上树（雄鸟占域鸣啭时或者夜宿时会上树）。胆子挺大，不甚怕人，边走边摇摆尾巴。它们喜欢活动于水边和距离水源不远处的开阔地带，植物园停车场是它们的最爱，最喜欢在这附近闲逛，在地缝儿里翻呀翻呀，走走停停，总能找出点吃的。两只在一起还会互相追逐玩耍，一会儿从路的左边跑到右边看不见的地方，一会儿又跑回来。它们最喜欢吃昆虫，有时候也会捉小鱼，这也是它们喜欢在水边活动的原因之一。

白鹡鸰

Motacilla alba

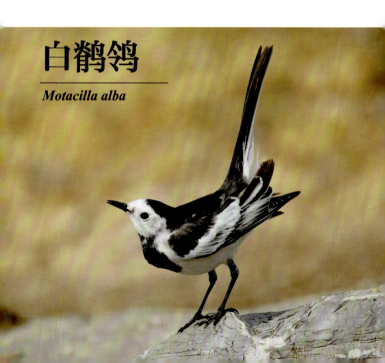

94 水 鹨（冬候鸟，稀有种）

Anthus spinoletta 雀形目鹡鸰科

水鹨属小型鸣禽，体长约17厘米，寿命9年。相较于同为鹡鸰科的常见种树鹨，水鹨则是稀有种，是体羽偏灰色而具纵纹的鹨。不过，与鹡鸰科的其它种白鹡鸰、树鹨相似，水鹨野外停栖时，其尾巴也常上下摆动。冬季喜欢在池塘边的芦苇地附近活动，以芦苇花为食，植物园的三叠泉、西大塘附近芦苇较多的地方经常能见到它们的身影。

食物以昆虫为主，也吃蜘蛛、蜗牛等小型无脊椎动物，此外还吃苔藓、谷粒、杂草种子等植物性食物。

水 鹨

Anthus spinoletta

燕 雀
Fringilla montifringilla

95 燕 雀（冬候鸟，常见种）
Fringilla montifringilla　雀形目燕雀科

"燕雀安知鸿鹄之志哉"出自《史记·陈涉世家》，又见《庄子·内篇·逍遥游》，意思是燕雀怎么知道鸿鹄的远大志向（比喻平凡的人哪里知道英雄人物的高远志向），这里的燕雀指的就是燕雀本尊，鸿鹄指的是大雁、天鹅之类飞行极为高远的鸟类的通称。相较于鸿鹄，燕雀飞行高度较低，故作平凡之意。

燕雀属小型鸟类，体长14~17厘米。嘴粗壮而尖，呈圆锥状。除繁殖期间成对活动外，其它季节多成群，尤其是迁徙期间常集成大群，有时甚至集群多达数百、上千只，晚上多在树上过夜。主要以草籽、果实、种子等植物性食物为食，尤以杂草种子最喜吃，当然繁殖季节也吃虫子。喜欢吃植物园的梅花，早春，在梅园，只要留心，一定能发现它们。

锡嘴雀

Coccothraustes coccothraustes

96 锡嘴雀(冬候鸟,稀有种)

Coccothraustes coccothraustes 雀形目燕雀科

锡嘴雀又名蜡嘴雀、老西子、铁嘴蜡子等,在光照且观看角度适宜时(撞上大运了),锡嘴雀的粗厚鸟喙颜色会由原本厚重的灰黑色变化成夹带粉红、粉白的铁灰色,鸟喙看上去也不再死气沉沉,而是变得更加晶莹剔透、油光水滑,宛如披上了一层锡制的薄膜,这才是其名字的真正来源。

锡嘴雀胆大,不甚怕人。非繁殖期喜成群,常在树枝间跳跃活动觅食,主食果实、种子,兼食昆虫。

97 黑尾蜡嘴雀（留鸟，常见种）

Eophona migratoria 　雀形目燕雀科

黑尾蜡嘴雀又名蜡嘴、小桑嘴、皂儿（雄性）、灰儿（雌性），中型鸟类，体长 17~21 厘米。嘴粗大、黄色。雄鸟头黑色是它的典型特征。相似种黑头蜡嘴雀体型较之略大，但头部黑色范围小，只到眼睛部位，黑色就停止了，黑尾蜡嘴雀的头部黑色到脑部以后，可以明显区别。

作为燕雀科的留鸟，只要是植物园能找到的果果，吃下它对于黑尾蜡嘴雀的大粗嘴几乎都不在话下。尤其爱吃大戟科重阳木的果子（大戟科的果实一般有毒，一般的鸟儿不敢挑战），从水杉厚重的球果中吃到种子对它而言也轻而易举。春秋季也吃虫子，但还是以种子为主。

黑尾蜡嘴雀

Eophona migratoria

金翅雀

Chloris sinica

98 金翅雀（留鸟，稀有种）

Chloris sinica　雀形目燕雀科

金翅雀体长约13厘米，全身大致呈褐色，喙粉色，较厚，典型的雀形目宽厚嘴。两翼一般为暗褐色，但大覆羽全为黄色，形成显著的黄色翼斑，故名金翅。雌鸟与雄鸟相似，但其两翼的黄色斑块较雄鸟略淡。

金翅雀以杂食为主，主食植物果实、种子，繁殖季则以昆虫为主。植物园的金翅雀喜欢在植树纪念园附近的雪松林活动，秋冬季尤其喜欢吃金鸡菊、紫薇和龙柏的种子。

黄 雀

Spinus spinus

99 黄 雀（冬候鸟，稀有种）

Spinus spinus　雀形目燕雀科

黄雀是体长仅 10~12 厘米的小雀雀，比麻雀略小，虽声名在外，实则并不好认，身体黄、黑、绿三色为主，唯一典型的特征是其黄绿色的腹部。

"螳螂捕蝉，黄雀在后。"这句俗语最早出自《庄子·山木》，讽刺了那些只顾眼前利益，不顾身后祸患的人；对鼠目寸光、利令智昏、不顾后患的这类人提出警告。事实上，黄雀主要以植物性食物为主，也许根本就没打过螳螂的主意，更别说吃过螳螂了。春季主要吃嫩芽、种子和鞘翅目小昆虫；夏季以多种昆虫喂雏，尤以蚜虫为主；而秋冬季则食浆果、草籽、稗、粟等。

100 黄喉鹀（冬候鸟，稀有种）
Emberiza elegans　雀形目鹀科

除了炫目的亮黄色喉部，黄喉鹀的头部羽冠也很有趣，呈黄黑两色，"头发"蓬松，像是早起后忘了梳头，因而也有别名黄蓬头、虎头凤。黄喉鹀性活泼而胆小，频繁地在灌丛与草丛中跳来跳去或飞上飞下。有时亦栖息于灌木或幼树枝顶上，见人后又立刻落入灌丛中或飞走。多沿地面低空飞翔，觅食亦多在林下灌丛与草丛中或地上，有时也到乔木树冠层枝叶间觅食。

主要以昆虫和昆虫幼虫为食，繁殖期间几乎全吃昆虫。

黄喉鹀

Emberiza elegans

合肥植物园鸟类名录

序号	种名	拉丁名	目	科	种群数量等级	季节型	最佳观察期	保护等级
1	鸿雁	*Anser cygnoides*	雁形目	鸭科	稀有种	冬候鸟	深秋冬季	安徽省二级保护鸟类
2	豆雁	*Anser fabalis*	雁形目	鸭科	稀有种	旅鸟	深秋冬季	安徽省二级保护鸟类
3	小天鹅	*Cygnus columbianus*	雁形目	鸭科	稀有种	冬候鸟	深秋冬季	国家二级重点保护鸟类
4	赤麻鸭	*Tadorna ferruginea*	雁形目	鸭科	常见种	冬候鸟	深秋冬季	安徽省二级保护鸟类
5	罗纹鸭	*Mareca falcata*	雁形目	鸭科	常见种	冬候鸟	深秋冬季	安徽省二级保护鸟类
6	斑嘴鸭	*Anas zonorhyncha*	雁形目	鸭科	常见种	冬候鸟	四季	安徽省二级保护鸟类
7	绿头鸭	*Anas platyrhynchos*	雁形目	鸭科	常见种	冬候鸟	冬季	安徽省二级保护鸟类
8	绿翅鸭	*Anas crecca*	雁形目	鸭科	常见种	冬候鸟	冬季	安徽省二级保护鸟类
9	红头潜鸭	*Aythya ferina*	雁形目	鸭科	稀有种	冬候鸟	深秋冬季	安徽省二级保护鸟类
10	雉鸡	*Phasianus colchicus*	鸡形目	雉科	常见种	留鸟	四季	安徽省二级保护鸟类
11	小䴙䴘	*Tachybaptus ruficollis*	䴙䴘目	䴙䴘科	优势种	留鸟	四季	国家"三有"保护鸟类

续表

序号	种名	拉丁名	目	科	种群数量等级	季节型	最佳观察期	保护等级
12	凤头䴙䴘	Podiceps cristatus	䴙䴘目	䴙䴘科	常见种	留鸟	四季	国家"三有"保护鸟类
13	东方白鹳	Ciconia boyciana	鹳形目	鹳科	稀有种	旅鸟	深秋冬季	国家一级重点保护鸟类
14	白琵鹭	Platalea leucorodia	鹳形目	鹮科	稀有种	旅鸟	深秋冬季	国家二级重点保护鸟类
15	大麻鳽	Botaurus stellaris	鹳形目	鹭科	稀有种	冬候鸟	冬春	国家"三有"保护鸟类
16	黄苇鳽	Ixobrychus sinensis	鹳形目	鹭科	稀有种	夏候鸟	春夏	国家"三有"保护鸟类
17	紫背苇鳽	Ixobrychus eurhythmus	鹳形目	鹭科	常见种	夏候鸟	春夏	国家"三有"保护鸟类
18	栗苇鳽	Ixobrychus cinnamomeus	鹳形目	鹭科	常见种	夏候鸟	春夏	国家"三有"保护鸟类
19	黑鳽	Ixobrychus flavicollis	鹳形目	鹭科	稀有种	夏候鸟	春夏	国家"三有"保护鸟类
20	夜鹭	Nycticorax nycticorax	鹳形目	鹭科	优势种	留鸟	春夏	国家"三有"保护鸟类
21	绿鹭	Butorides striata	鹳形目	鹭科	稀有种	夏候鸟	春夏	国家"三有"保护鸟类
22	池鹭	Ardeola bacchus	鹳形目	鹭科	优势种	夏候鸟	春夏	国家"三有"保护鸟类
23	牛背鹭	Bubulcus coromandus	鹳形目	鹭科	常见种	夏候鸟	春夏	国家"三有"保护鸟类

续表

序号	种名	拉丁名	目	科	种群数量等级	季节型	最佳观察期	保护等级
24	苍鹭	Ardea cinerea	鹳形目	鹭科	常见种	留鸟	春夏	国家"三有"保护鸟类
25	大白鹭	Ardea alba	鹳形目	鹭科	常见种	夏候鸟	春夏	国家"三有"保护鸟类
26	中白鹭	Ardea intermedia	鹳形目	鹭科	常见种	常见种	春夏	国家"三有"保护鸟类
27	白鹭	Egretta garzetta	鹳形目	鹭科	优势种	留鸟	春夏	国家"三有"保护鸟类
28	普通鸬鹚	Phalacrocorax carbo	鹳形目	鸬鹚科	优势种	冬候鸟	冬季	国家"三有"保护鸟类
29	凤头鹰	Accipiter trivirgatus	鹰形目	鹰科	稀有种	旅鸟	冬季	国家二级重点保护鸟类
30	赤腹鹰	Accipiter soloensis	鹰形目	鹰科	稀有种	夏候鸟	夏季	国家二级重点保护鸟类
31	松雀鹰	Accipiter virgatus	鹰形目	鹰科	稀有种	旅鸟	冬季	国家二级重点保护鸟类
32	雀鹰	Accipiter nisus	鹰形目	鹰科	常见种	冬候鸟	冬春	国家二级重点保护鸟类
33	苍鹰	Accipiter gentilis	鹰形目	鹰科	常见种	旅鸟	深秋冬季	国家二级重点保护鸟类
34	普通鵟	Buteo japonicus	鹰形目	鹰科	稀有种	冬候鸟	冬季	国家二级重点保护鸟类
35	红脚苦恶鸡	Amaurornis akool	鹤形目	秧鸡科	常见种	留鸟	四季	国家"三有"保护鸟类

续表

序号	种名	拉丁名	目	科	种群数量等级	季节型	最佳观察期	保护等级
36	白胸苦恶鸟	Amaurornis phoenicurus	鹤形目	秧鸡科	稀有种	夏候鸟	夏季	国家"三有"保护鸟类
37	黑水鸡	Gallinula chloropus	鹤形目	秧鸡科	优势种	留鸟	四季	国家"三有"保护鸟类
38	黑翅长脚鹬	Himantopus himantopus	鸻形目	反嘴鹬科	稀有种	留鸟	冬春	国家"三有"保护鸟类
39	反嘴鹬	Recurvirostra avosetta	鸻形目	反嘴鹬科	稀有种	旅鸟	深秋冬季	国家"三有"保护鸟类
40	凤头麦鸡	Vanellus vanellus	鸻形目	鸻科	常见种	冬候鸟	深秋冬季	国家"三有"保护鸟类
41	灰头麦鸡	Vanellus cinereus	鸻形目	鸻科	常见种	夏候鸟	夏季	国家"三有"保护鸟类
42	长嘴剑鸻	Charadrius placidus	鸻形目	鸻科	稀有种	留鸟	夏季	国家"三有"保护鸟类
43	金眶鸻	Charadrius dubius	鸻形目	鸻科	常见种	冬候鸟	冬季	国家"三有"保护鸟类
44	环颈鸻	Charadrius alexandrinus	鸻形目	鸻科	常见种	冬候鸟	冬季	国家"三有"保护鸟类
45	弯嘴滨鹬	Calidris ferruginea	鸻形目	丘鹬科	稀有种	旅鸟	冬季	国家"三有"保护鸟类
46	青脚滨鹬	Calidris temminckii	鸻形目	丘鹬科	稀有种	旅鸟	深秋冬季	国家"三有"保护鸟类
47	扇尾沙锥	Gallinago gallinago	鸻形目	丘鹬科	常见种	冬候鸟	深秋冬季	国家"三有"保护鸟类

续表

序号	种名	拉丁名	目	科	种群数量等级	季节型	最佳观察期	保护等级
48	白腰草鹬	*Tringa ochropus*	鸻形目	丘鹬科	稀有种	冬候鸟	深秋冬季	国家"三有"保护鸟类
49	鹤鹬	*Tringa erythropus*	鸻形目	丘鹬科	常见种	冬候鸟	深秋冬季	国家"三有"保护鸟类
50	红嘴鸥	*Chroicocephalus ridibundus*	鸻形目	鸥科	常见种	旅鸟	深秋冬季	国家"三有"保护鸟类
51	普通燕鸥	*Sterna hirundo*	鸻形目	燕鸥科	稀有种	旅鸟	秋季	国家"三有"保护鸟类
52	须浮鸥	*Chlidonias hybrida*	鸻形目	燕鸥科	常见种	夏候鸟	夏季	国家"三有"保护鸟类
53	山斑鸠	*Streptopelia orientalis*	鸽形目	鸠鸽科	优势种	留鸟	四季	国家"三有"保护鸟类
54	珠颈斑鸠	*Streptopelia chinensis*	鸽形目	鸠鸽科	优势种	留鸟	四季	国家"三有"保护鸟类
55	小鸦鹃	*Centropus bengalensis*	鹃形目	杜鹃科	稀有种	夏候鸟	春夏	国家二级重点保护鸟类
56	红翅凤头鹃	*Clamator coromandus*	鹃形目	杜鹃科	稀有种	夏候鸟	夏季	国家"三有"保护鸟类
57	噪鹃	*Eudynamys scolopaceus*	鹃形目	杜鹃科	稀有种	夏候鸟	夏季	国家"三有"保护鸟类
58	鹰鹃	*Hierococcyx sparverioides*	鹃形目	杜鹃科	稀有种	夏候鸟	夏季	国家"三有"保护鸟类
59	四声杜鹃	*Cuculus micropterus*	鹃形目	杜鹃科	稀有种	夏候鸟	夏季	国家"三有"保护鸟类

续表

序号	种名	拉丁名	目	科	种群数量等级	季节型	最佳观察期	保护等级
60	中杜鹃	Cuculus saturatus	鹃形目	杜鹃科	稀有种	旅鸟	夏季	国家"三有"保护鸟类
61	大杜鹃	Cuculus canorus	鹃形目	杜鹃科	稀有种	夏候鸟	夏季	国家"三有"保护鸟类
62	红角鸮	Otus sunia	鸮形目	鸱鸮科	稀有种	留鸟	冬季	国家二级重点保护鸟类
63	领鸺鹠	Glaucidium brodiei	鸮形目	鸱鸮科	稀有种	留鸟	冬季	国家二级重点保护鸟类
64	三宝鸟	Eurystomus orientalis	佛法僧目	佛法僧科	稀有种	夏候鸟	夏季	国家"三有"保护鸟类
65	白胸翡翠	Halcyon smyrnensis	佛法僧目	翠鸟科	稀有种	留鸟	夏季	国家"三有"保护鸟类
66	蓝翡翠	Halcyon pileata	佛法僧目	翠鸟科	稀有种	夏候鸟	夏季	国家"三有"保护鸟类
67	普通翠鸟	Alcedo atthis	佛法僧目	翠鸟科	常见种	留鸟	四季	国家"三有"保护鸟类
68	冠鱼狗	Megaceryle lugubris	佛法僧目	翠鸟科	稀有种	留鸟	夏季	国家"三有"保护鸟类
69	斑鱼狗	Ceryle rudis	佛法僧目	翠鸟科	稀有种	留鸟	四季	国家"三有"保护鸟类
70	戴胜	Upupa epops	犀鸟目	戴胜科	稀有种	留鸟	四季	国家"三有"保护鸟类
71	斑姬啄木鸟	Picumnus innominatus	䴕形目	啄木鸟科	稀有种	留鸟	四季	国家"三有"保护鸟类

续表

序号	种名	拉丁名	目	科	种群数量等级	季节型	最佳观察期	保护等级
72	星头啄木鸟	Yungipicus canicapillus	䴕形目	啄木鸟科	稀有种	留鸟	四季	国家"三有"保护鸟类
73	大斑啄木鸟	Dendrocopos major	䴕形目	啄木鸟科	稀有种	留鸟	冬季	国家"三有"保护鸟类
74	灰头绿啄木鸟	Picus canus	䴕形目	啄木鸟科	稀有种	留鸟	四季	国家"三有"保护鸟类
75	红隼	Falco tinnunculus	隼形目	隼科	稀有种	留鸟	四季	国家二级重点保护鸟类
76	游隼	Falco peregrinus	隼形目	隼科	稀有种	旅鸟	深秋冬季	国家二级重点保护鸟类
77	小灰山椒鸟	Pericrocotus cantonensis	雀形目	鹃鵙科	稀有种	夏候鸟	夏季	国家"三有"保护鸟类
78	暗灰鹃鵙	Lalage melaschistos	雀形目	鹃鵙科	稀有种	夏候鸟	夏季	国家"三有"保护鸟类
79	虎纹伯劳	Lanius tigrinus	雀形目	伯劳科	稀有种	夏候鸟	夏季	安徽省二级保护动物
80	牛头伯劳	Lanius bucephalus	雀形目	伯劳科	稀有种	夏候鸟	夏季	安徽省二级保护动物
81	红尾伯劳	Lanius cristatus	雀形目	伯劳科	常见种	夏候鸟	夏季	安徽省二级保护动物
82	棕背伯劳	Lanius schach	雀形目	伯劳科	常见种	留鸟	四季	安徽省二级保护动物
83	黑枕黄鹂	Oriolus chinensis	雀形目	黄鹂科	稀有种	夏候鸟	夏季	安徽省二级保护动物

续表

序号	种名	拉丁名	目	科	种群数量等级	季节型	最佳观察期	保护等级
84	黑卷尾	*Dicrurus macrocercus*	雀形目	卷尾科	常见种	夏候鸟	夏秋	国家"三有"保护鸟类
85	灰卷尾	*Dicrurus leucophaeus*	雀形目	卷尾科	稀有种	夏候鸟	夏季	国家"三有"保护鸟类
86	发冠卷尾	*Dicrurus hottentottus*	雀形目	卷尾科	稀有种	夏候鸟	夏季	国家"三有"保护鸟类
87	寿带	*Terpsiphone incei*	雀形目	王鹟科	稀有种	夏候鸟	夏季	国家"三有"保护鸟类
88	松鸦	*Garrulus glandarius*	雀形目	鸦科	稀有种	留鸟	四季	国家"三有"保护鸟类
89	灰喜鹊	*Cyanopica cyanus*	雀形目	鸦科	优势种	留鸟	四季	安徽省二级保护动物
90	红嘴蓝鹊	*Urocissa erythrorhyncha*	雀形目	鸦科	稀有种	留鸟	四季	安徽省二级保护动物
91	灰树鹊	*Dendrocitta formosae*	雀形目	鸦科	稀有种	留鸟	夏季	国家"三有"保护鸟类
92	喜鹊	*Pica serica*	雀形目	鸦科	常见种	留鸟	四季	国家"三有"保护鸟类
93	小嘴乌鸦	*Corvus corone*	雀形目	鸦科	稀有种	旅鸟	夏季	国家"三有"保护鸟类
94	小太平鸟	*Bombycilla japonica*	雀形目	太平鸟科	稀有种	冬候鸟	冬春	安徽省二级保护动物
95	黄腹山雀	*Pardaliparus venustulus*	雀形目	山雀科	常见种	留鸟	四季	国家"三有"保护鸟类

续表

序号	种名	拉丁名	目	科	种群数量等级	季节型	最佳观察期	保护等级
96	远东山雀	*Parus minor*	雀形目	山雀科	常见种	留鸟	四季	国家"三有"保护鸟类
97	领雀嘴鹎	*Spizixos semitorques*	雀形目	鹎科	常见种	留鸟	四季	国家"三有"保护鸟类
98	黄臀鹎	*Pycnonotus xanthorrhous*	雀形目	鹎科	稀有种	留鸟	夏季	国家"三有"保护鸟类
99	白头鹎	*Pycnonotus sinensis*	雀形目	鹎科	优势种	留鸟	四季	国家"三有"保护鸟类
100	绿翅短脚鹎	*Ixos mcclellandii*	雀形目	鹎科	稀有种	留鸟	四季	国家"三有"保护鸟类
101	栗背短脚鹎	*Hemixos castanonotus*	雀形目	鹎科	稀有种	留鸟	四季	国家"三有"保护鸟类
102	黑短脚鹎	*Hypsipetes leucocephalus*	雀形目	鹎科	稀有种	留鸟	夏季	国家"三有"保护鸟类
103	家燕	*Hirundo rustica*	雀形目	燕科	常见种	夏候鸟	夏季	国家"三有"保护鸟类
104	金腰燕	*Cecropis daurica*	雀形目	燕科	常见种	夏候鸟	夏季	安徽省一级保护鸟类
105	棕脸鹟莺	*Abroscopus albogularis*	雀形目	树莺科	稀有种	留鸟	春夏	国家"三有"保护鸟类
106	远东树莺	*Horornis canturians*	雀形目	树莺科	稀有种	夏候鸟	夏季	国家"三有"保护鸟类
107	强脚树莺	*Horornis fortipes*	雀形目	树莺科	稀有种	留鸟	四季	国家"三有"保护鸟类

续表

序号	种名	拉丁名	目	科	种群数量等级	季节型	最佳观察期	保护等级
108	鳞头树莺	Urosphena squameiceps	雀形目	树莺科	稀有种	旅鸟	春季	国家"三有"保护鸟类
109	银脸长尾山雀	Aegithalos glaucogularis	雀形目	长尾山雀科	常见种	留鸟	四季	国家"三有"保护鸟类
110	红头长尾山雀	Aegithalos concinnus	雀形目	长尾山雀科	稀有种	留鸟	四季	国家"三有"保护鸟类
111	黄眉柳莺	Phylloscopus inornatus	雀形目	柳莺科	常见种	旅鸟	四季	国家"三有"保护鸟类
112	黄腰柳莺	Phylloscopus proregulus	雀形目	柳莺科	常见种	冬候鸟	深秋冬季	国家"三有"保护鸟类
113	褐柳莺	Phylloscopus fuscatus	雀形目	柳莺科	稀有种	旅鸟	冬春	国家"三有"保护鸟类
114	极北柳莺	Phylloscopus borealis	雀形目	柳莺科	稀有种	旅鸟	四季	国家"三有"保护鸟类
115	东方大苇莺	Acrocephalus orientalis	雀形目	苇莺科	稀有种	夏候鸟	夏季	国家"三有"保护鸟类
116	厚嘴苇莺	Arundinax aedon	雀形目	苇莺科	稀有种	旅鸟	夏季	国家"三有"保护鸟类
117	纯色山鹪莺	Prinia inornata	雀形目	扇尾莺科	常见种	留鸟	四季	国家"三有"保护鸟类
118	红头穗鹛	Cyanoderma ruficeps	雀形目	鹛科	稀有种	留鸟	春夏	国家"三有"保护鸟类
119	画眉	Garrulax canorus	雀形目	噪鹛科	常见种	留鸟	四季	国家"三有"保护鸟类

续表

序号	种名	拉丁名	目	科	种群数量等级	季节型	最佳观察期	保护等级
120	黑脸噪鹛	*Garrulax perspicillatus*	雀形目	噪鹛科	常见种	留鸟	四季	国家"三有"保护鸟类
121	白颊噪鹛	*Garrulax sannio*	雀形目	噪鹛科	稀有种	留鸟	四季	国家"三有"保护鸟类
122	红嘴相思鸟	*Leiothrix lutea*	雀形目	画眉科	稀有种	留鸟	春夏	国家"三有"保护鸟类
123	棕头鸦雀	*Sinosuthora webbiana*	雀形目	莺鹛科	常见种	留鸟	四季	国家"三有"保护鸟类
124	暗绿绣眼鸟	*Zosterops japonicus*	雀形目	绣眼鸟科	稀有种	夏候鸟	春夏	国家"三有"保护鸟类
125	戴菊	*Regulus regulus*	雀形目	戴菊科	稀有种	旅鸟	四季	国家"三有"保护鸟类
126	鹪鹩	*Troglodytes troglodytes*	雀形目	鹪鹩科	稀有种	旅鸟	夏季	国家"三有"保护鸟类
127	八哥	*Acridotheres cristatellus*	雀形目	椋鸟科	常见种	留鸟	四季	国家"三有"保护鸟类
128	丝光椋鸟	*Spodiopsar sericeus*	雀形目	椋鸟科	优势种	留鸟	四季	国家"三有"保护鸟类
129	灰椋鸟	*Spodiopsar cineraceus*	雀形目	椋鸟科	优势种	留鸟	四季	国家"三有"保护鸟类
130	黑领椋鸟	*Gracupica nigricollis*	雀形目	椋鸟科	稀有种	留鸟	四季	国家"三有"保护鸟类
131	橙头地鸫	*Geokichla citrina*	雀形目	鸫科	稀有种	留鸟	夏季	国家"三有"保护鸟类

续表

序号	种名	拉丁名	目	科	种群数量等级	季节型	最佳观察期	保护等级
132	虎斑地鸫	Zoothera dauma	雀形目	鸫科	稀有种	留鸟	四季	国家"三有"保护鸟类
133	灰背鸫	Turdus hortulorum	雀形目	鸫科	稀有种	冬候鸟	冬季	国家"三有"保护鸟类
134	乌灰鸫	Turdus cardis	雀形目	鸫科	稀有种	夏候鸟	夏季	国家"三有"保护鸟类
135	乌鸫	Turdus mandarinus	雀形目	鸫科	优势种	留鸟	四季	国家"三有"保护鸟类
136	白眉鸫	Turdus obscurus	雀形目	鸫科	稀有种	旅鸟	冬季	国家"三有"保护鸟类
137	白腹鸫	Turdus pallidus	雀形目	鸫科	稀有种	冬候鸟	冬春	国家"三有"保护鸟类
138	斑鸫	Turdus eunomus	雀形目	鸫科	稀有种	冬候鸟	冬季	国家"三有"保护鸟类
139	宝兴歌鸫	Otocichla mupinensis	雀形目	鸫科	稀有种	旅鸟	四季	国家"三有"保护鸟类
140	鹊鸲	Copsychus saularis	雀形目	鹟科	常见种	留鸟	夏季	国家"三有"保护鸟类
141	灰纹鹟	Muscicapa griseisticta	雀形目	鹟科	稀有种	旅鸟	夏季	国家"三有"保护鸟类
142	乌鹟	Muscicapa sibirica	雀形目	鹟科	稀有种	旅鸟	夏季	国家"三有"保护鸟类
143	北灰鹟	Muscicapa dauurica	雀形目	鹟科	稀有种	旅鸟	夏季	国家"三有"保护鸟类

续表

序号	种名	拉丁名	目	科	种群数量等级	季节型	最佳观察期	保护等级
144	红尾歌鸲	*Larvivora sibilans*	雀形目	鹟科	稀有种	旅鸟	春季	国家"三有"保护鸟类
145	红胁蓝尾鸲	*Tarsiger cyanurus*	雀形目	鹟科	稀有种	冬候鸟	冬春	国家"三有"保护鸟类
146	白眉姬鹟	*Ficedula zanthopygia*	雀形目	鹟科	稀有种	夏候鸟	夏秋	国家"三有"保护鸟类
147	鸲姬鹟	*Ficedula mugimaki*	雀形目	鹟科	稀有种	旅鸟	夏季	国家"三有"保护鸟类
148	北红尾鸲	*Phoenicurus auroreus*	雀形目	鹟科	稀有种	冬候鸟	冬春	国家"三有"保护鸟类
149	红尾水鸲	*Rhyacornis fuliginosa*	雀形目	鹟科	常见种	留鸟	冬春	国家"三有"保护鸟类
150	白喉矶鸫	*Monticola gularis*	雀形目	鹟科	稀有种	旅鸟	春、秋季	国家"三有"保护鸟类
151	黑喉石䳭	*Saxicola torquata*	雀形目	鹟科	稀有种	旅鸟	冬春	国家"三有"保护鸟类
152	山麻雀	*Passer cinnamomeus*	雀形目	雀科	稀有种	留鸟	四季	国家"三有"保护鸟类
153	麻雀	*Passer montanus*	雀形目	雀科	优势种	留鸟	四季	国家"三有"保护鸟类
154	白腰文鸟	*Lonchura striata*	雀形目	梅花雀科	稀有种	留鸟	四季	国家"三有"保护鸟类
155	山鹡鸰	*Dendronanthus indicus*	雀形目	鹡鸰科	稀有种	夏候鸟	夏季	国家"三有"保护鸟类
156	灰鹡鸰	*Motacilla cinerea*	雀形目	鹡鸰科	稀有种	旅鸟	夏季	国家"三有"保护鸟类

续表

序号	种名	拉丁名	目	科	种群数量等级	季节型	最佳观察期	保护等级
157	白鹡鸰	Motacilla alba	雀形目	鹡鸰科	常见种	留鸟	四季	国家"三有"保护鸟类
158	树鹨	Anthus hodgsoni	雀形目	鹡鸰科	常见种	冬候鸟	冬季	国家"三有"保护鸟类
159	水鹨	Anthus spinoletta	雀形目	鹡鸰科	稀有种	冬候鸟	冬季	国家"三有"保护鸟类
160	燕雀	Fringilla montifringilla	雀形目	燕雀科	常见种	冬候鸟	冬春	国家"三有"保护鸟类
161	锡嘴雀	Coccothraustes coccothraustes	雀形目	燕雀科	稀有种	冬候鸟	冬春	国家"三有"保护鸟类
162	黑尾蜡嘴雀	Eophona migratoria	雀形目	燕雀科	常见种	留鸟	四季	国家"三有"保护鸟类
163	金翅雀	Chloris sinica	雀形目	燕雀科	稀有种	留鸟	四季	国家"三有"保护鸟类
164	黄雀	Spinus spinus	雀形目	燕雀科	稀有种	冬候鸟	深秋冬季	国家"三有"保护鸟类
165	白眉鹀	Emberiza tristrami	雀形目	鹀科	稀有种	旅鸟	夏季	国家"三有"保护鸟类
166	小鹀	Emberiza pusilla	雀形目	鹀科	稀有种	冬候鸟	冬春	国家"三有"保护鸟类
167	黄眉鹀	Emberiza chrysophrys	雀形目	鹀科	稀有种	冬候鸟	冬季	国家"三有"保护鸟类
168	黄喉鹀	Emberiza elegans	雀形目	鹀科	稀有种	冬候鸟	冬春	国家"三有"保护鸟类
169	灰头鹀	Emberiza spodocephala	雀形目	鹀科	常见种	冬候鸟	冬春	国家"三有"保护鸟类

中文名索引

A
暗灰鹃鵙 110
暗绿绣眼鸟 170

B
八哥 175
白鹡鸰 204
白鹭 46
白眉姬鹟 193
白琵鹭 31
白头鹎 143
白胸苦恶鸟 61
白腰草鹬 74
白腰文鸟 200
斑鱼狗 99
宝兴歌鸫 187
北红尾鸲 194

C
长嘴剑鸻 71
池鹭 43
赤麻鸭 17

D
大斑啄木鸟 103
大麻鳽 33
戴菊 173
戴胜 100
东方白鹳 28
东方大苇莺 158
豆雁 13

F
反嘴鹬 67
凤头麦鸡 68
凤头鹛鹛 27
凤头鹰 55

G
冠鱼狗 97

H
黑翅长脚鹬 65
黑短脚鹎 146
黑鸦 37
黑卷尾 119
黑脸噪鹛 164
黑领椋鸟 176
黑水鸡 62
黑尾蜡嘴雀 212
黑枕黄鹂 116
红角鸮 89
红隼 104
红头长尾山雀 155
红头潜鸭 21
红头穗鹛 161
红尾水鸲 197
红胁蓝尾鸲 191
红嘴蓝鹊 128
红嘴鸥 77
红嘴相思鸟 167
鸿雁 11

虎斑地鸫 180
虎纹伯劳 113
画眉 163
黄喉鹀 218
黄眉柳莺 157
黄雀 217
黄苇鳽 34
灰鹡鸰 203
灰树鹊 131
灰喜鹊 126

J
家燕 149
金翅雀 215
金腰燕 151

L
栗背短脚鹎 145
领雀嘴鹎 140
领䴓鹬 91
绿鹭 40
绿头鸭 18

M
麻雀 198

N
牛背鹭 45

P
普通翠鸟 94
普通䴉 59
普通鸬鹚 53

Q
鹊鸲 188

S
三宝鸟 92

扇尾沙锥 73
寿带 122
水鹨 206
四声杜鹃 86
松雀鹰 56
松鸦 125

W
乌鸫 185
乌灰鸫 182

X
锡嘴雀 211
喜鹊 133
小灰山椒鸟 109
小䴙䴘 24
小太平鸟 137
小天鹅 14
小鸦鹃 83
小嘴乌鸦 134
须浮鸥 79

Y
燕雀 209
夜鹭 39
银喉长尾山雀 152
游隼 107
远东山雀 139

Z
噪鹃 85
雉鸡 22
珠颈斑鸠 80
棕头鸦雀 169

拉丁名索引

A

Accipiter trivirgatus 55
Accipiter virgatus 56
Acridotheres cristatellus 175
Acrocephalus orientalis 158
Aegithalos concinnus 155
Aegithalos glaucogularis 152
Alcedo atthis 94
Amaurornis phoenicurus 61
Anas platyrhynchos 18
Anser cygnoides 11
Anser fabalis 13
Anthus spinoletta 206
Ardeola bacchus 43
Aythya ferina 21

B

Bombycilla japonica 137
Botaurus stellaris 33
Bubulcus coromandus 45
Buteo japonicus 59
Butorides striata 40

C

Cecropis daurica 151
Centropus bengalensis 83
Ceryle rudis 99
Charadrius placidus 71
Chlidonias hybrida 79
Chloris sinica 215
Chroicocephalus ridibundus 77
Ciconia boyciana 28
Coccothraustes coccothraustes 211
Copsychus saularis 188
Corvus corone 134
Cuculus micropterus 86
Cyanoderma ruficeps 161
Cyanopica cyanus 126
Cygnus columbianus 14

D

Dendrocitta formosae 131
Dendrocopos major 103
Dicrurus macrocercus 119

E

Egretta garzetta 46
Emberiza elegans 218
Eophona migratoria 212
Eudynamys scolopaceus 85
Eurystomus orientalis 92

F

Falco peregrinus 107
Falco tinnunculus 104

Ficedula zanthopygia 193

Fringilla montifringilla 209

G

Gallinago gallinago 73

Gallinula chloropus 62

Garrulax canorus 163

Garrulax perspicillatus 164

Garrulus glandarius 125

Glaucidium brodiei 91

Gracupica nigricollis 176

H

Hemixos castanonotus 145

Himantopus himantopus 65

Hirundo rustica 149

Hypsipetes leucocephalus 146

I

Ixobrychus flavicollis 37

Ixobrychus sinensis 34

L

Lalage melaschistos 110

Lanius tigrinus 113

Leiothrix lutea 167

Lonchura striata 200

M

Megaceryle lugubris 97

Motacilla alba 204

Motacilla cinerea 203

N

Nycticorax nycticorax 39

O

Oriolus chinensis 116

Otocichla mupinensis 187

Otus sunia 89

P

Parus minor 139

Passer montanus 198

Pericrocotus cantonensis 109

Phalacrocorax carbo 53

Phasianus colchicus 22

Phoenicurus auroreus 194

Phoenicurus fuliginosus 197

Phylloscopus inornatus 157

Pica serica 133

Platalea leucorodia 31

Podiceps cristatus 27

Pycnonotus sinensis 143

R

Recurvirostra avosetta 67

Regulus regulus 173

S

Sinosuthora webbiana 169

Spinus spinus 217

Spizixos semitorques 140

Streptopelia chinensis 80

T

Tachybaptus ruficollis 24
Tadorna ferruginea 17
Tarsiger cyanurus 191
Terpsiphone incei 122
Tringa ochropus 74
Turdus cardis 182
Turdus mandarinus 185

U

Upupa epops 100
Urocissa erythrorhyncha 128

V

Vanellus vanellus 68

Z

Zoothera dauma 180
Zosterops japonicus 170